L.-J. MORE

PHARMACIEN DE 1ʳᵉ CLASSE
ANCIEN INTERNE DES HOPITAUX DE PARIS

OXYDATION

DE

L'ACIDE URIQUE

PAR L'IODE EN MILIEU ALCALIN

PARIS

LES PRESSES UNIVERSITAIRES DE FRANCE
49, BOULEVARD SAINT-MICHEL
1924

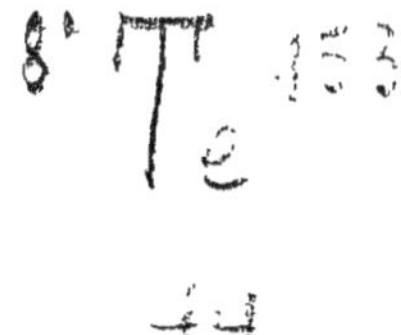

L.-J. MORE

DOCTEUR DE L'UNIVERSITÉ DE PARIS
(PHARMACIE)
ANCIEN INTERNE DES HOPITAUX DE PARIS

OXYDATION

DE

L'ACIDE URIQUE

PAR L'IODE EN MILIEU ALCALIN

PARIS

LES PRESSES UNIVERSITAIRES DE FRANCE

49, BOULEVARD SAINT-MICHEL

—

1924

A MONSIEUR VILLIERS

Professeur à la Faculté de Pharmacie de Paris
Chevalier de la Légion d'Honneur

Hommage de respectueuse reconnaissance

A MONSIEUR BOUGAULT

Professeur à la Faculté de Pharmacie de Paris

Pharmacien des Hôpitaux

Chevalier de la Légion d'Honneur

*Témoignage de profonde gratitude
et de respectueux dévouement.*

INTRODUCTION

La plupart des oxydants : acide azotique, chlore, brome, iode, ferricyanure et permanganate de potassium, eau oxygénée, etc... agissent sur l'acide urique. Leur mode d'action, indépendant de leur nature est intimement lié à la réaction du milieu dans lequel s'opère l'oxydation. Si elle se poursuit en milieu acide, on a toujours de l'alloxane et de l'urée, alors qu'en milieu alcalin, il se forme de l'allantoïne. Ces réactions sont interprétées par les équations suivantes :

1° En milieu acide.

$$\begin{array}{c} NH-CO \\ | \quad\quad | \\ CO \quad\; C-NH \\ | \quad\quad \| \quad\quad >CO \\ NH-C-NH \end{array} + O + H^2O = \begin{array}{c} NH-CO \\ | \quad\quad | \\ CO \quad\; CO \\ | \quad\quad | \\ NH-CO \end{array} + CO\begin{array}{c} NH^2 \\ NH^2 \end{array}$$

2° En milieu alcalin.

$$\begin{array}{c} NH-CO \\ | \quad\quad | \\ CO \quad\; C-NH \\ | \quad\quad \| \quad\quad >CO \\ NH-C-NH \end{array} + O + H^2O = \begin{array}{c} NH^2 \quad CO-NH \\ | \quad\quad\quad\; | \quad\quad | \\ CO \quad\quad | \quad\quad CO \\ | \quad\quad\quad\; | \quad\quad | \\ NH-CH-NH \end{array} + CO^2$$

Elles mettent en évidence que dans l'une ou l'autre de ces conditions une molécule d'acide urique nécessite pour s'oxyder un atome d'oxygène, rapport qui a servi de base à maintes méthodes de dosage de l'acide urique.

Mais si nombreux que soient les oxydants transformant cet uréide en alloxane ou en allantoïne, peu sont utilisables en analyse. Seuls le permanganate de potassium et l'iode sont d'un emploi pratique : leur action dans certaines conditions est rapide, le terme de la réaction peut être apprécié facilement, de plus, ils fournissent des solutions titrées stables.

Dans la pratique courante, l'oxydation à l'iode est souvent usitée. On opère suivant la technique indiquée par Ronchèse (1) qui consiste à verser la liqueur titrée d'iode dans la solution d'acide urique additionnée d'un corps alcalin sans action sur ce métalloïde : bicarbonate de potassium ou de soude, borax en présence d'empois d'amidon. On arrête l'affusion d'iode dès que le liquide se colore franchement en bleu. Dans ces conditions, l'apparition de l'iodure d'amidon se manifeste dès que l'on a employé exactement 2 atomes d'iode par molécule d'acide urique. On peut ainsi calculer le poids de l'acide urique contenu dans la solution d'après la quantité d'iode mise en œuvre.

Si cette méthode fournit des résultats précis, il semble que l'on puisse obtenir une même exactitude en ajoutant à la solution bicarbonatée d'acide urique un excès connu d'iode et en titrant, après acidulation, l'iode résiduel au moyen d'une solution d'hyposulfite de soude. Par différence, on aurait l'iode absorbé. Mais, fait inattendu, les résultats sont complètement différents de ceux donnés par le procédé de Ronchèse : la quantité d'iode absorbée par molécule d'acide urique est toujours supérieure à 2 atomes, et elle est inconstante.

(1) RONCHESE. *J. P. C.* 6ᵉ Série. T. 23, p. 336, 1906.

Pour fixer les idées, nous donnerons les chiffres obtenus dans une expérience.

4 cgr. 62 d'acide urique sont oxydés en suivant la technique de Ronchèse par 69 mmgr. 53 d'iode (chiffre théorique 69 mmgr. 85).

La même quantité d'acide urique, soumise à l'action d'un excès d'oxydant absorbe 81 mmgr. 50 d'iode, si on acidule après 5 minutes de contact et que l'on dose l'iode par retour. Il y a donc 2 atomes 38 (1) d'oxydant consommés par molécule d'uréide au lieu de 2 précédemment.

Il est vraisemblable qu'en utilisant cette dernière méthode l'oxydation porte non seulement sur l'acide urique, mais sur son produit de transformation. Ce fait est d'autant plus singulier que, lorsque l'acide urique est oxydé par le procédé Ronchèse, la teinte bleue communiquée à l'empois d'amidon par la légère quantité d'iode en excès persiste environ une heure.

A quoi faut-il attribuer ces faits en apparence contradictoires ? Les connaissances actuelles sur l'oxydation de l'acide urique ne nous permettent pas d'élucider ce phénomène. Aussi nous sommes-nous attachés à résoudre le problème soulevé par cette observation et dans ce but nous avons étudié l'oxydation de l'acide urique par l'iode en milieu alcalin.

Nos recherches vont être exposées dans l'ordre suivant :

Chapitre   I. ÉTUDE BIBLIOGRAPHIQUE DE L'OXYDA-
TION DE L'ACIDE URIQUE.
Chapitre II. CARACTÉRISATION ET DOSAGE DE L'AL-
LANTOINE.
Chapitre III. OXYDATION DE L'ACIDE URIQUE PAR

_____

(1) La proportion peut atteindre 2 atomes 5.

Ce travail a été accompli dans le laboratoire de M. le Professeur Villiers, nous lui adressons l'expression de notre vive reconnaissance pour le bienveillant accueil qu'il nous a ménagé.

Nous prions M. le Professeur Bougault, qui nous a inspiré ce sujet, de croire à notre profonde gratitude pour les conseils qu'il nous a prodigués et l'intérêt avec lequel il a suivi nos recherches.

Nous remercions M. Cattelain, préparateur au laboratoire de Chimie analytique, qui nous a maintes fois facilité l'accomplissement de notre tâche.

CHAPITRE I

ÉTUDE BIBLIOGRAPHIQUE DE L'OXYDATION
DE L'ACIDE URIQUE

L'oxydation de l'acide urique a fait l'objet de nombreux travaux, grâce à son importance au point de vue biologique, ce
corps a retenu de tout temps l'attention des chimistes.

Dès 1776, Scheele (1) qui le caractérisa dans des calculs vési-
caux, constata que l'acide urique se dissolvait dans l'acide azotique
et que la solution laissait après évaporation un résidu rouge
sang. Cette observation ne fut pas poussée plus avant par Scheele,
mais en 1818, Brugnatelli (2) étudia l'action de l'acide azotique
ainsi que celles du chlore, du brome, de l'iode sur l'acide urique.
Il obtint avec ceux-ci un composé qu'il nomma : acide érythrique.
Ce corps, par suite de l'omission des détails de manipulations,
ne put être reproduit. Aussi Prout (3) s'engagea la même année
dans un travail semblable. Il prépara le purpurate d'ammoniaque

(1) SCHEELE. *Mémoires de Chimie*, p. 119, 1785.
(2) BRUGNATELLI. *Giornale de Fisica*, decade secunda I, p. 117, 1818.
(3) PROUT. *Annal of Phylosophy*. T. XII, p. 68 — 1818.

en chauffant un mélange d'acide azotique étendu et d'acide urique et en neutralisant ensuite par l'ammoniaque. En décomposant ce sel par l'acide chlorhydrique, il recueillit un produit qu'il désigna sous le nom d'acide purpurique.

Les chimistes de l'époque (1) rapprochèrent l'acide purpurique de l'acide érythrique. Ils crurent que Prout avait obtenu le composé de Brugnatelli à l'état de pureté. En réalité ces deux corps n'étaient pas identiques, mais ils contenaient tous deux une forte proportion d'alloxane.

La confusion persista jusqu'en 1838. A cette date, parurent les travaux de Liebig et Wöhler (2). Ceux-ci, après avoir préparé l'allantoïne (3) en soumettant l'acide urique à l'action du bioxyde de plomb, firent une étude approfondie de l'oxydation de l'acide urique par l'acide azotique. Ils conclurent que la réaction était différente suivant la concentration de cet acide ; une action ménagée donne de l'alloxane, une oxydation plus énergique conduit à l'acide parabanique. Ayant préparé ces uréides à l'état de pureté, ils obtinrent leurs dérivés : l'alloxantine, l'uramile, les acides dialurique, alloxanique et oxalurique. Ils montrèrent que l'acide purpurique de Prout était un mélange d'alloxane et d'uramile.

Cette œuvre remarquable, base de la chimie des uréides, fut le prélude d'une longue série de recherches.

Après Liebig et Wöhler, Schlieper (4) reprit l'étude de l'oxydation de l'acide urique dans des conditions toutes différentes. Ayant observé que ces chimistes avaient opéré en milieu acide, il chercha quels seraient les effets de l'oxydation en milieu alcalin.

---

(1) *Annales de Chimie* (2) T. 8. p. 201 — 1818.
(2) LIEBIG ET WOHLER. *Ann. der Chemie.* T. 26, p. 241, 1838.
(3) L'allantoïne avait été isolée antérieurement par Vauquelin et Buniva (*Annales de Chimie* T. 33, p. 269, 1800) puis par Lassaigne (*Ann. chim. Phys.* (2) T. 17, p. 301. 1821).
(4) SCHLIEPER. *Ann. der Chemie.* T. 67, p. 214, 1848.

Dans ce but, il s'adressa au ferricyanure de potassium en présence de potasse. Il isola de l'allantoïne et de l'acide lantanurtique (1).

Staedeler (2) eut des résultats différents en laissant agir l'oxygène de l'air sur une solution alcaline d'acide urique. Il obtint l'acide uroxanique. Médicus (3), dans cette même oxydation eut de l'acide oxonique.

Neubauer (4) utilisa les propriétés oxydantes du permanganate de potassium, Gorup (5) celles de l'ozone, Wheeler (6) celles du bioxyde de manganèse. Tous trois caractérisent l'allantoïne dans les produits de la réaction.

Hardy (7) employa le brome et l'iode, Würtz (8) reprit l'action de l'iode, ils isolèrent de l'alloxane.

Claus (9) préconisa l'oxydation de l'acide urique par le permanganate de potassium comme méthode de préparation de l'allantoïne. Sundwick (10), dans des conditions différentes, obtint dans cette même oxydation de l'acide uroxanique. Bryk (11) de l'allantoïne par l'action de l'iode en présence de potasse.

Scholtz (12) prétendit avoir obtenu la tétracarbonimide par action de l'eau oxygénée en présence des alcalis sur l'acide urique. Malgré l'appui que Schittenhelm et Wiener (13) apportèrent

(1) GERHARDT (*Traité de chimie.* T. 1. p. 528) identifia l'acide lantanurique avec l'acide allanturique de Pelouze (PELOUZE. *Ann. chim. Phys.* (3). T. 6, p. 71, 1842).
(2) STAEDELER. *Ann. der Chemie.* T. 78, p. 286, 1851.
(3) MEDICUS. *Berichte der. deut. chem. Gesell.* T. 9, p. 1162, 1876.
(4) NEUBAUER. *Ann. der Chemie.* T. 99, p. 217, 1856.
(5) GORUP. *Ann. der Chemie.* T. 110, p. 94, 1859.
(6) WHEELER. *Zeit. f. Chemie,* p. 746, 1866.
(7) HARDY. *Bull. Soc. chim.* T. 1, p. 445, 1864.
(8) WURTZ. *C. R.* T. 77, p. 1548, 1873.
(9) CLAUS. *Berichte d. deut. chem. Gesell.* T. 7, p. 226, 1874.
(10) SUNDWICK. *Zeitsch. f. phys. Chemie.* T. 15, p. 519, 1894.
(11) BRYK. *Monat. f. Chemie.* T. 15, p. 519, 1894.
(12) SCHOLTZ. *Berichte d. deut. chem. Gesell.* T. 24, p. 4130, 1901.
(13) SCHITTENHELM ET WIENER. *Zeitsch. f. phys. Chemie.* T. 62, p. 100, 1909.

à ses expériences, Venable et Moore (1) identifièrent ce produit avec l'acide cyanurique.

Hugounencq (2) opéra en milieu ammoniacal avec du persulfate d'ammoniaque, il signala l'allanturate d'ammoniaque comme résultat de cette oxydation.

Tocher (3) montra que l'acide urique est intégralement décomposé en urée par le mélange chromique.

Bouillet (4) exposa une méthode de dosage basée sur la transformation de l'acide urique en succinimide et urée par l'acide iodique. La réduction de ce dernier corps par l'acide urique fut encore observée par Archetti (5), mais ce chimiste, suivant un mode opératoire différent, obtint de l'alloxane.

Denicke (6) oxydant l'acide urique en milieu ammoniacal par le ferricyanure ou le permanganate de potassium, prépara l'imino-allantoïne et le composé $C_4H_8N_6O_2$ que nous considérons comme le diamino-oxalyldiuréide.

Cet auteur termine la série des recherches concernant les produits terminaux de l'oxydation de l'acide urique. L'ensemble de ces travaux différencie bien les réactions en milieu acide de celles en milieu alcalin. Il semble que le problème de l'oxydation de l'acide urique soit résolu.

Il n'en est pas ainsi. L'action des oxydants sur l'acide urique en présence des alcalis est fort complexe. L'allantoïne ne se forme pas d'emblée comme tend à l'indiquer l'équation classique :

$$C_5H_4N_4O_3 + O + H_2O = C_4H_6N_4O_3 + CO_2$$

(1) Venable et Moore. *J. Am. chem. Soc.* T. 39, p. 1750, 1917 et Walter et Wise. *J. Am. chem. Soc.* T. 39, p. 2472, 1917.
(2) Hugounencq. *C. R.* T. 132, p. 91, 1901.
(3) Tocher. *Pharm. J.* (4) 15. p. 161.
(4) Bouillet. *Bull. Soc. chim.* T. 25, p. 251, 1901.
(5) Archetti. *Boll. chem. Farm.* T. 43, p. 394, 1904.
(6) Denicke. *Ann. der Chemie.* T. 349, p. 269, 1906.

mais elle provient du dédoublement d'un corps intermédiaire. Ce fait a été mis en évidence par Sundwick (1) d'après les expériences suivantes :

Si après avoir oxydé l'acide urique au moyen du permanganate de potassium en présence de soude, on évapore la liqueur séparée du bioxyde de manganèse formé dans la réaction, on obtient de l'uroxanate de soude (Sundwick) (2).

Mais si on acidifie la solution par l'acide acétique avant de la concentrer, on n'a pas de l'acide uroxanique, mais de l'allantoïne (Claus) (3).

Comme, dans ces conditions, l'uroxanate de soude ne se décompose pas en allantoïne, Sundwick (4) expliqua la formation simultanée de ces deux composés en supposant l'existence d'un corps intermédiaire. Ce serait celui-ci qui produirait de l'acide uroxanique sous l'action de la soude et de l'allantoïne sous l'influence de l'acide acétique.

Behrend (5) adopta la même hypothèse et précisa la nature de ce corps intermédiaire. Les phénómènes se passeraient d'après le processus suivant : l'acide urique soumis à l'oxydation serait transformé d'abord en acide glycolurique (1) puis en acide glycoluril-oxycarbonique (2). De ce dernier corps dériveraient l'allantoïne (3) et l'acide uroxanique (4) suivant le schéma ci-contre :

(1) Sundwick. *Zeitsch. f. phys. Chemie.* T. 41, p. 341, 1904.

(2) Sundwick (loc. cit. 1894).

(3) Claus (loc. cit.).

(4) Sundwick (loc. cit. 1904).

(5) Behrend. *Ann. der Chemie.* T. 333, p. 141. 1904.
Behrend et Schultz. *Ann. der Chemie.* T. 365, p. 21, 1909.

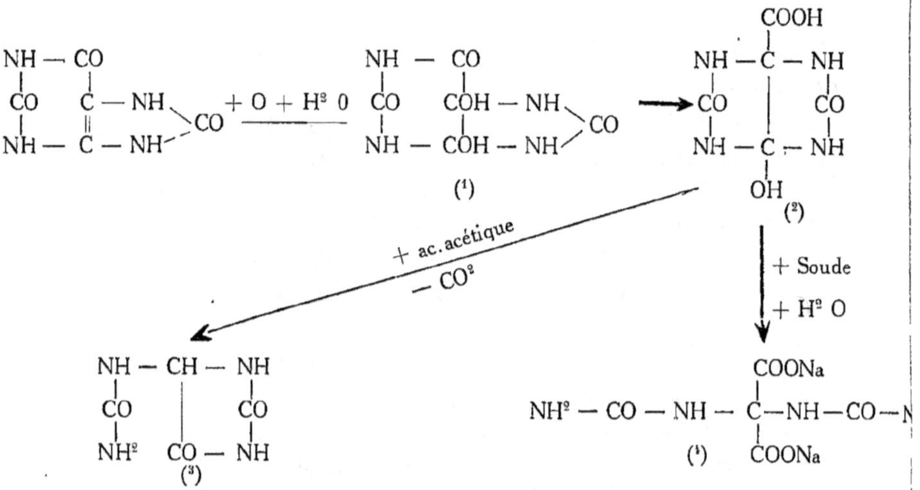

$$
\begin{array}{l}
\text{NH — CO} \\
\text{CO} \quad \text{C — NH} \\
\text{NH — C — NH}
\end{array}
\Big\rangle\text{CO} \; + \text{O} + \text{H}^2\text{O} \quad\longrightarrow\quad
\begin{array}{l}
\text{NH — CO} \\
\text{CO} \quad \text{COH — NH} \\
\text{NH — COH — NH}
\end{array}
\Big\rangle\text{CO} \quad (^1)
\qquad\longrightarrow\qquad
\begin{array}{l}
\text{COOH} \\
\text{NH — C — NH} \\
\text{CO} \qquad \text{CO} \\
\text{NH — C — NH} \\
\text{OH} \quad (^2)
\end{array}
$$

$$+ \text{ ac. acétique} \qquad - \text{CO}^2$$

$$\downarrow\; + \text{ Soude} \quad + \text{H}^2\text{O}$$

$$
\begin{array}{l}
\text{NH — CH — NH} \\
\text{CO} \qquad \text{CO} \\
\text{NH}^2 \quad \text{CO — NH} \\
\quad (^3)
\end{array}
\qquad\qquad
\text{NH}^2 — \text{CO — NH —}
\begin{array}{l}
\text{COONa} \\
\text{C—NH—CO—N} \\
\text{COONa}
\end{array}
\; (^1)
$$

Cette théorie s'accorde avec les faits observés, mais elle n'a pu être vérifiée. Behrend et Zieger (1) n'ont pas réussi à isoler les corps intermédiaires. De, plus, ils n'ont pu obtenir ni l'allantoïne, ni l'acide uroxanique à partir de l'acide glycolurique préparé par Biltz et Heyn (2) par combinaison de l'alloxane et de l'urée. L'étude du dédoublement d'un produit de condensation de l'acide alloxanique et de l'urée n'a pas donné de meilleurs résultats (3).

Cependant l'hypothèse de Behrend n'est pas complètement abandonnée. Biltz (4) suppose qu'il n'y a qu'un seul composé

(1) Behrend et Zieger. *Ann. der Chemie.* T. 410, p. 337, 1915.
(2) Biltz et Heyn. *Berichte d. deut. chem. Gesell.* T. 45, p. 1677, 1912.
(3) Il est à signaler que l'éther diméthylique de l'acide glycolurique peut fournir de l'acide uroxanique (Biltz et Max. *Berichte d. deut. chem. Gesell.* T. 53, p. 1966, 1920) et de l'allantoïne (Biltz et Marx. *id.* T. 54, p. 2456, 1921).
(4) Biltz. *Berichte d. deut. chem. gesell.* T. 54, p. 2457, 1921.

intermédiaire : l'acide oxyacétylènediuréinecarbonique (1) (qui n'est autre que l'acide glycoluriloxycarbonique). L'oxydation s'accomplirait suivant l'équation :

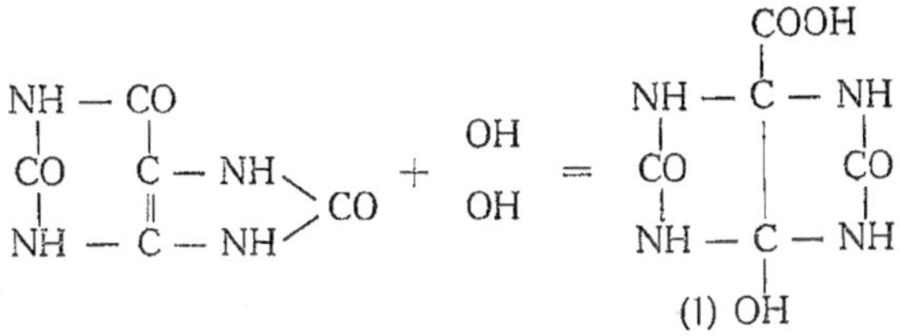

$$
\begin{array}{l}
\text{NH — CO} \\
\text{CO} \quad \text{C — NH} \\
\text{NH — C — NH}
\end{array}
\!\!>\!\text{CO} \; + \; \begin{array}{l}\text{OH}\\\text{OH}\end{array} \; = \;
\begin{array}{c}
\text{COOH}\\
\text{NH — C — NH}\\
\text{CO} \qquad \text{CO}\\
\text{NH — C — NH}\\
\text{(1) OH}
\end{array}
$$

Les recherches en vue de contrôler ce processus n'ont pas donné entière satisfaction, mais par contre elles ont apporté d'importants tributs à l'étude de la constitution de quelques dérivés d'oxydation de l'acide urique. Grâce à elles, on a vu se dissiper beaucoup de confusions.

Pour exposer rapidement les connaissances actuelles concernant les produits d'oxydation de l'acide urique en solution alcaline et leurs dérivés nous donnerons le tableau ci-contre :

2

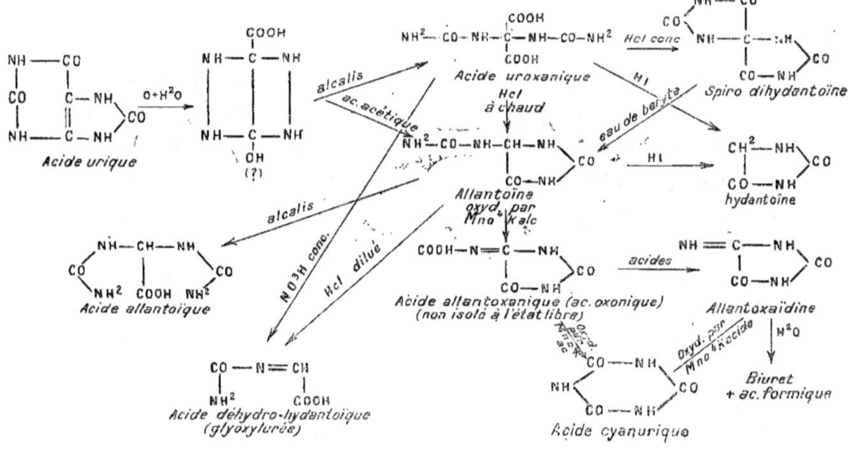

NH—CO
CO C—NH
NH—C—NH
CO
Acide urique
O+H2O
NH—C—NH
COOH
NH—C—NH
OH
(?)
alcalis
ac. acétique
NH2—CO—NH—C—NH—CO—NH2
COOH
COOH
Acide uroxanique
Hcl conc
NH—CO
CO NH—C—NH
CO—NH
CO
Spiro dihydantoïne
Hcl
à chaud
HI
eau de baryte
NH2—CO—NH—CH—NH
CO
CO—NH
Allantoïne
oxyd. par
Mno4 kalc
HI
CH2—NH
CO
CO—NH
hydantoïne
alcalis
NH—CH—NH
CO CO
NH2 COOH NH2
Acide allantoïque
NO3H conc.
Hcl dilué
COOH—N=C—NH
CO
CO—NH
Acide allantoxanique (ac. oxonique)
(non isolé à l'état libre)
acides
NH=C—NH
CO
CO—NH
Allantoxaïdine
Oxyd. par
Mno4 kacide
H2O
Biuret
+ ac. formique
CO—N=CH
NH2 COOH
Acide déhydro-hydantoïque
(glyoxylurée)
CO—NH
NH CO
CO—NH
Acide cyanurique

Si complètes que paraissent être ces études, elles ne nous permettent pas d'expliquer l'anomalie observée dans le dosage de l'acide urique par l'iode. On serait tenté de croire que l'oxydation de l'acide urique par l'iode est compliquée par la formation d'un composé iodé. Cette opinion a été adoptée par les chimistes qui ont abordé la question. Elle semble justifiée par une observation de Kreidl (1).

Celui-ci voulant doser l'acide urique en utilisant son oxydation par l'iode en présence de potasse mettait un poids déterminé de cet uréide en contact avec un excès connu de solution d'iode N/30 ; puis après 3/4 d'heure, il acidulait par l'acide chlorhydrique et titrait par retour l'iode absorbé. Dans ces conditions, 2 atomes 3 d'iode correspondent à une molécule d'acide urique. Mais, fait inattendu, s'il réduisait le temps de contact à 1 /4 d'heure la quantité d'iode absorbée était plus grande. Il trouvait alors une proportion de 3 atomes 5 d'iode par molécule d'acide urique.

Kreidl expliqua ce phénomène en supposant une dissimulation singulière de l'iode par l'acide urique. Bryk (2) ayant étudié l'oxydation de l'acide urique par l'iode en présence de potasse n'apporta aucune présision.

Depuis ce travail, aucune recherche sur ce point n'a été tentée. Quelques auteurs revisant les méthodes de dosage de l'acide urique s'accordent à déclarer que toute technique basée sur l'oxydation de cet uréide par l'iode en présence de soude ne peut être utilisée (3).

Tout récemment Liévin (4), ayant fait des expériences sem-

(1) Kreidl. *Monat. f. Chemie.* T. 14, p. 109, 1893.
(2) Bryk. *Monat. f. Chemie.* T. 15, p. 513, 1894.
(8) Signalons Jolles qui prétend expliquer l'irrégularité de la quantité d'iode absorbée en supposant que l'acide urique déplace l'iode de l'iodure. (Jolles *Zeitsch. f. phys. Chemie.* T. 29, p. 193, 1900).
(4) O. Lievin. *Les solutions alcalines d'iode,* p. 85, 1923.

blables à celle de Kreidl, formula l'hypothèse suivante : « Il se
« forme d'abord, dit-il, un composé d'iode, qui ne lâche pas
« ce métalloïde quand on détruit, par un acide, l'iodate et les
« autres sels moins oxygénés ; ce composé toutefois se détruit
« spontanément au cours de la réaction, de sorte que l'iode passe
« à un nouvel état, où il redevient décelable quand on acidule.
« Il est bien difficile de dire quel est ce composé ; si nombreux
« sont les termes de l'oxydation de l'acide urique. Les auteurs
« ont pu y caractériser, non seulement l'alloxane, l'allantoïne
« et l'urée, mais aussi l'alloxantine, l'hydantoïne, le glycocolle,
« les acides carbonique, oxalique, hydantoïque, dialurique,
« barbiturique, oxalurique, parabanique. »

Cette théorie aurait besoin d'être justifiée par quelques expériences. Déjà on peut observer que l'hydantoïne, les acides hydantoïque, dialurique, barbiturique ne sont nullement des produits d'oxydation de l'acide urique, mais des dérivés préparés par la réduction de ceux-ci. De plus, dans toute oxydation de l'acide urique, on obtient de l'alloxane et de l'urée ou de l'allantoïne suivant la réaction du milieu, mais jamais ces deux corps simultanément. L'oxydation à l'iode n'échappe pas à cette règle générale.

Si Würtz (1) a isolé de l'alloxane et de l'urée à la suite de l'action de l'iode sur une suspension d'acide urique dans l'eau, c'est que le milieu devient acide, par suite de la formation d'acide iodhydrique, suivant l'équation :

$$\begin{array}{l} NH - CO \\ \;\;\mid \qquad \mid \\ CO \qquad C - NH \\ \;\;\mid \qquad \parallel \qquad\qquad\!\! >\!CO \\ NH - C - NH \end{array} + I^2 + 2\,H^2O = \begin{array}{l} NH - CO \\ \;\;\mid \qquad \mid \\ CO \qquad CO \\ \;\;\mid \qquad \mid \\ NH - CO \end{array} + CO\!\!<\!\!\begin{array}{l} NH^2 \\ NH^2 \end{array}$$

(1) Wurtz (loc. cit.)

De ce fait. l'oxydation quoique conduite avec un oxydant neutre s'opère en milieu acide (1).

Si l'on effectue la même oxydation en liqueur alcaline, c'est l'allantoïne que l'on obtient (Bryk)(2) ; en même temps, on observe que l'oxydation est plus rapide.

Nous devons donc nous attendre, dans l'oxydation de l'acide urique par l'iode en milieu alcalin, à rencontrer l'allantoïne. Nous avons pensé que nos recherches seraient facilitées, si nous avions en main un réactif permettant la caractérisation et même le dosage de cet uréide. Il ne nous suffisait pas de déceler l'allantoïne, mais il était nécessaire d'être en possession d'un procédé rapide pour surveiller son apparition ou sa disparition dans les solutions où elle était susceptible d'exister.

(1) Le cas inverse s'observe dans l'oxydation par le permanganate de potassium, car pendant l'oxydation, la réaction devient alcaline (2 Mn O^4 K = 2 Mn O^2 + K^3O + 3O).
(2) BRYK (loc. cit.).

CHAPITRE II

CARACTÈRISATION ET DOSAGE DE L'ALLANTOINE

On ne dispose à l'heure actuelle, pour l'identification de l'allantoïne que la détermination de son point de décomposition (235°) ou le dosage de ses éléments, manipulations qui exigent l'isolement préalable de l'uréide. On y arrive en évaporant à un petit volume la solution qui le contient, l'allantoïne étant peu soluble cristallise. On peut encore l'engager dans une combinaison métallique et décomposer celle-ci par l'hydrogène sulfuré. Aucune de ces méthodes ne pouvait nous donner satisfaction, puisque nous avions intérêt à déceler rapidement l'allantoïne.

On a bien signalé quelques réactions de ce composé. Elles sont basées, sur un dégagement d'azote, une coloration (1) ; leur emploi est peu pratique et elles ne sont pas spécifiques à l'allantoïne, car d'autres uréides donnent des réactions analogues.

Nous avons alors recherché si l'allantoïne, diuréide d'un al-

(1) Nous avons énuméré ces réactions dans un mémoire paru dans le Journal de Pharmacie et de chimie (J. More. *J. P. C.* (7) T. 27, p. 209, 1923).

déhyde acide, l'acide glyoxylique, ne pouvait pas être caractérisé grâce aux propriétés réductrices que lui communique cet
acide.

Nous nous sommes adressés au réactif de Nessler. Celui-ci
a attiré notre attention, parce qu'il est réduit par les corps à fonction aldéhydique. Notre choix était justifié. Si on ajoute 2 c.c.
de ce réactif à 10 c. c. d'une solution aqueuse d'allantoïne, on
constate immédiatement la formation d'un précipité noir de
mercure réduit. Si la proportion d'uréide est faible, on observe
un précipité jaune ou vert de sel mercureux. La réduction est
nettement visible, si on opère sur un milligr. d'allantoïne dissous
dans 10 c.c. d'eau.

De plus, parmi les uréides formés dans l'oxydation de l'acide
urique (1), seule l'allantoïne donne cette réaction. Cependant,
il faut signaler que ces corps précipitent abondamment par le
réactif de Nessler et la combinaison mercurielle formée masque
la réduction due à l'allantoïne. Ce précipité n'est nullement
gênant, pas plus que celui donné par les sels ammoniacaux, car
il est soluble dans les acides dilués et le cyanure de potassium (2).

Le réactif de Nessler permet donc de caractériser rapidement
l'allantoïne, grâce au pouvoir réducteur de cet uréide. Cette
propriété ne se limite pas à un emploi qualitatif, car la réduction
de l'iodomercurate de potassium en solution alcaline peut être
évaluée en suivant la technique indiquée par MM. Bougault
et Gros (3) pour le dosage des aldéhydes. On conçoit la possi-
bilité de doser l'allantoïne par une méthode analogue.

---

(1) L'acide déhydro-hydantoïque (glyoxylurée) est réducteur, mais il n'est
pas un produit direct de l'oxydation de l'acide urique.

(2) Le cyanure de potassium a une action sur les sels mercureux qu'il transforme en mercure ($Hg^2 I^2 + 2\,KCN = 2\,KI + Hg\,(CN)^2 + Hg$). Le précipité devient noir.

(3) Bougault et Gros. *J. P. C.* (7). T. 26, p. 5. 19

Les résultats obtenus n'ont pas donné entière satisfaction, car les réactions ne s'accomplissent pas intégralement d'après le processus suivant :

$$CO\!\!<^{NH - CH - NH}_{NH - CO \quad NH^2}\!\!>CO + 2\,H^2O = \overset{CHO}{\underset{COOH}{|}} + 2\,CO\!\!<^{NH^2}_{NH^2}$$

$$\overset{CHO}{\underset{COOH}{|}} + O = \overset{COOH}{\underset{COOH}{|}}$$

La réduction ne porte que sur 90 à 94 % , 92 % en moyenne de l'allantoïne mise en œuvre.

En vue de remédier à cette action incomplète, nous avons recherché quelle en était la cause. Notre attention s'est portée sur ce fait qu'une solution aqueuse légèrement alcalinisée par la soude perdait peu à peu son pouvoir réducteur. Après un mois de préparation, elle finit par n'avoir aucune action sur le réactif de Nessler.

Ce phénomène est vraisemblablement dû à l'influence de l'alcali sur l'allantoïne. Simon (1) a, en effet, montré que la potasse transforme cet uréide en allantoïne potassée (1) puis en allantoate de potassium (2).

$$CO\!\!<^{NH - CH - NH}_{NH - CO \quad NH^2}\!\!>CO \qquad CO\!\!<^{NH - CH - NH}_{NH^2 - COOK\,NH^2}\!\!>CO$$

$$(1) \qquad\qquad\qquad (2)$$

La soude agit de même. Si après avoir neutralisé par l'acide

(1) L. J. Simon. *C. R. T.* 138, p. 425, 1904.

acétique une solution d'allantoïne n'ayant plus de pouvoir réducteur, on ajoute de l'alcool à 95°, il se forme un précipité abondant. Celui-ci cristallise dans les 24 heures. Il est constitué par de l'allantoate de soude.

	Trouvé	calculé pour $C_4H_7N_4O_4Na.H_2O$
Analyse : Na %	10.47	10.64
N %	25.71-25.19	26.92

L'allantoate formé par action de l'alcali sur l'allantoïne peut encore être séparé à l'état de sel d'argent. Il suffit de neutraliser exactement la solution sodique par de l'acide nitrique dilué et d'ajouter du nitrate d'argent à 1 %. L'allantoate d'argent précipite à l'état cristallin.

	Trouvé	calculé pour $C_4H_7N_4O_4Ag$
Analyse Ag %	37.86	38.16

Il n'y a ainsi aucun doute sur la production d'acide allantoïque. Il est surprenant que cet uréide ne soit pas réducteur vis-à-vis du réactif de Nessler (1), car, d'après

(1) Il n'est cependant pas démontré que l'acide allantoïque ait une constitution correspondant à l'allantoïne qui lui a donné naissance. Nous attirerons l'attention sur la tautomérie de ce dernier uréide auquel on a accordé les formes suivantes :

$$\text{CO}\begin{cases}\text{NH}-\text{CH}-\text{NH}\\\text{NH}_2 \quad \text{CO}-\text{NH}\end{cases}\text{CO} \quad (1)$$

$$\text{CO}\begin{cases}\text{NH}-\text{C}-\text{NH}\\\text{NH}-\text{COH NH}_2\end{cases}\text{CO} \quad (2)$$

$$\text{CO}\begin{cases}\text{NH}-\text{CH}-\text{NH}\\\text{NH}-\text{COH}-\text{NH}\end{cases}\text{CO} \quad (3)$$

La formule (1) due à Grimaux (*Ann. chim. Phys.* (5) T. 11, p. 393, 1877) cadre bien avec la synthèse de l'allantoïne par union d'acide glyoxylique et d'urée et le dégagement de 2 atomes d'azote par molécule sous l'influence de

Simon (1), il est dédoublable en acide glyoxylique et urée. Nous avons nous-même constaté ce fait : portons au B. M. bouillant, pendant quelques minutes, une solution alcaline ancienne d'allantoïne, après l'avoir acidulée par l'acide acétique. La solution, qui ne réduisait plus le réactif de Nessler, acquiert de nouveau des propriétés réductrices. En mesurant la réduction du réactif et en rapportant le résultat au point initial d'allantoïne, on s'aperçoit que la réaction ne porte que sur 94 % de l'uréide ; chiffre identique à celui que l'on obtient en opérant sur une solution d'allantoïne récemment préparée.

On peut supposer que la portion d'allantoïne échappant à l'oxydation est passée à l'état d'acide allantoïque ou bien que l'acide glyoxylique est partiellement détruit par l'alcali du réactif en donnant des acides oxalique et glycolique suivant la réaction de Cannizaro.

Quoiqu'il en soit la meilleure méthode d'utilisation du réactif de Nessler au dosage de l'allantoïne nous a paru être la suivante :

Dans un flacon de 250 cc. bouchant à l'émeri, nous introduisons un centigramme d'allantoïne, 20 cc. d'eau et 2 à 3 gouttes de lessive de soude. La substance étant dissoute, nous ajoutons un mélange de 30 cc. d'iodomercurate de potassium (2) et 10 cc. de lessive de soude à 30 %. Après 12 heures de contact,

l'hypochlorite (BILTZ. *Berichte d. deut. chem. Gesell.* T. 43, p.1.999, 1910)· Cependant elle met en évidence un atome de carbone asymétrique alors que l'allantoïne est optiquement inactive. Aussi Mendel et Dakin (*J. biol. chemistry* T. 7, p. 153, 1901) proposent la formule (II). Thiterley (*J. chem. Soc. London* T. 103, p. 1.336, 1913) adopte la forme (III) car l'allantoïne peut donner de l'acétyléne diurée par réduction. Cette formule a été critiquée par Dakin (*J. chem. Roc. London*, T. 107, p. 434, 1915).

(1) SIMON (loc. cit.)
(2) HgCl²   27 gr 10
   KI   72 gr.
   Eau distillée q. s. p. 1.000 cc.

nous acidulons au moyen d'une solution d'acide chlorhydrique au quart, puis nous faisons couler 10 cc. d'une solution déci-normale d'iode. L'iode étant en excès, les produits de la réduction se dissolvent rapidement. L'iode résiduel est dosé avec une solution titrée d'hyposulfite de soude d'une teneur voisine de 10 gr. de ce sel par litre. Par différence nous obtenons la quantité d'iode absorbée. Ce chiffre est converti en allantoïne d'après le rapport 2 atomes d'iode pour une molécule d'allantoïne (158).

Dans l'exemple cité, nous avons trouvé 14 mmgr. 75, ce nombre correspond à :

$$\frac{158 \times 0,01475}{254} = 0 \text{ gr. } 00918 \text{ d'allantoïne}$$

Mais, comme nous l'avons dit plus haut, la réduction ne porte que sur 92 % du produit étudié, il faudra multiplier le résultat par le coefficient 1.08

$$0,00918 \times 1,08 = 0,0099$$

Grâce à cette correction vérifiée par de nombreuses analyses, nous retrouvons une quantité d'allantoïne très voisine de celle que nous avons engagée.

Nous avons ainsi, un réactif qui nous permettra de déceler rapidement et sûrement l'allantoïne. Nous sommes maintenant mieux armé pour caractériser cet uréide et préciser les conditions qui lui donnent naissance dans l'oxydation de l'acide urique dans des milieux d'alcalinités diverses. Nous choisirons d'abord comme alcali le bicarbonate de potassium.

CHAPITRE III

OXYDATION DE L'ACIDE URIQUE PAR L'IODE EN PRÉSENCE DE BICARBONATE DE POTASSIUM

Si on verse une solution iodo-iodurée dans une liqueur contenant de l'acide urique en présence d'un phosphate, borate ou bicarbonate alcalin, on constate que l'iode disparaît rapidement. La réaction se poursuit jusqu'à oxydation complète de l'acide urique. Elle est terminée lorsqu'on a utilisé exactement 2 atomes d'iode par molécule d'uréide.

Ce principe a été appliqué au dosage de l'acide urique dès 1864 par Huppert (1) puis par Ronchèse (2). Ces auteurs emploient, l'un, le phosphate de soude, l'autre, les bicarbonates alcalins et le borax. Leurs méthodes conduisent aux mêmes résultats, du reste, très satisfaisants.

Mais au point de vue qui nous intéresse, ni Huppert, ni Ronchèse ne se sont préoccupés du corps prenant naissance dans

(1) HUPPERT. *Arch. für Heilkunde*, 5, p. 325, 1864 (*Jahresberichte der Chemie* p. 740, 1864).
(2) RONCHESE. *J. P. C.* (6) T. 336, 1906 et *Thèse Doct. Univ.* (Ph^le) 1906

l'oxydation. Il nous a paru nécessaire de combler cette lacune.

L'oxydation s'accomplissant en milieu alcalin, nous devons vraisemblablement en évaporant la solution acidulée par l'acide acétique, après traitement par l'iode, obtenir de l'allantoïne. Il en est ainsi comme le prouve l'expérience suivante.

A 5 gr. d'acide urique délayés dans 100 cc. d'une solution de bicarbonate de potassium à 5 %, nous ajoutons goutte à goutte 37 cc. 5 d'une solution d'iode au cinquième dans l'iodure de potassium. La réaction s'accomplit d'abord rapidement, puis se ralentit vers la fin. La totalité de l'oxydant ayant été versée, la liqueur limpide est acidifiée par l'acide acétique et évaporée à 40 cc. Après refroidissement d'abondants cristaux se forment. Ils sont constitués par de l'iodure de potassium et de l'allantoïne.

Ce premier point établi, nous ferons remarquer que, pour obtenir cet uréide, nous avons dû aciduler par l'acide acétique. Cet acide n'a-t-il pas provoqué le dédoublement d'un corps intermédiaire en allantoïne comme dans le cas de l'oxydation par le permanganate de potassium. C'est alors que nous avons eu recours au réactif de Nessler.

Nous avons versé 2 cc. de ce réactif dans 10 cc. de la solution aussitôt après oxydation. Il ne s'est produit aucune réduction immédiate (1) ce qui prouve que l'allantoïne, dans le cas que nous étudions, n'est pas le produit d'oxydation direct de l'acide urique. Mais si nous acidulons une autre prise d'essai par l'acide acétique, l'allantoïne apparaît, car l'addition de réactif de Nessler est instantanément suivie par une réduction. Celle-ci est parti-

---

(1) La légère réduction tardive est due à une réaction secondaire de l'alcali du réactif sur le corps intermédiaire.

culièrement nette, si après acidulation, on porte la solution quelques minutes au B. M. bouillant,

Ainsi l'allantoïne ne prend naissance qu'après acidulation
et sa formation est activée par l'action de la chaleur. Elle provient
donc d'un corps intermédiaire préalablement formé.

Nos tentatives en vue d'isoler ce produit ont échoué. Il est
peu stable et se décompose sous l'action des réactifs. Malgré
l'intérêt que présenterait la connaissance de ce composé, nous
n'avons pas persévéré dans cette voie.

Cependant cet écueil n'a pas limité nos recherches, nous avons
étudié comment se comportait ce corps intermédiaire vis-à-vis
de l'iode. Or, fait intéressant, ce composé est oxydable ainsi
que le montre l'expérience qui suit.

Après l'oxydation de 5 gr. d'acide urique par 7 gr. 50 d'iode
en solution iodurée, nous ajoutons de l'iode. Celui-ci disparaît
lentement, il se forme après une demi-heure un dépôt pulvérulent
constitué par au moins un uréide oxalique. Nous n'avons pu
l'isoler à l'état de pureté, il retient énergiquement des traces
d'un sel de potassium. Le produit brut est insoluble dans l'ammoniaque, soluble dans les alcalis avec décomposition en acide
oxalique et urée.

Néanmoins la présence d'un uréide oxalique nous indique
que le corps intermédiaire s'est oxydé. Il y a donc dans l'oxydation de l'acide urique par l'iode en présence de bicarbonate de
potassium deux étapes. La première, parcourue rapidement,
conduit à un corps intermédiaire. L'autre plus lente (1), portant

---

(1) Cette lenteur explique pourquoi l'oxydation du corps intermédiaire
passe inaperçue lorsque l'on opère sur de faibles quantités d'acide urique.

sur le corps intermédiaire, s'achemine vers la production d'un uréide oxalique. ٭

Cette oxydation du corps intermédiaire pourrait à première vue expliquer pourquoi une molécule d'acide urique consomme toujours plus de deux atomes d'iode en présence d'un excès d'oxydant. Mais la quantité d'iode particulièrement élevée que l'on observe quand on termine le titrage en liqueur acide est due à une autre cause.

En effet, une liqueur dans laquelle on a oxydé 5 centigr. d'acide urique garde environ une heure la coloration bleue communiquée à l'empois d'amidon (1) par le léger excès d'iode marquant la fin de l'oxydation de l'acide urique, tandis que si l'on oxyde la même quantité de cet uréide en ajoutant un excès d'iode et que l'on dose, après acidulation, l'iode absorbé par différence, on constate qu'en 5 minutes, on a largement dépassé 2 atomes puisqu'on a utilisé 2 atomes 4.

On ne peut interpréter une aussi notable absorption d'iode en invoquant une oxydation en milieu alcalin, car celle-ci s'opère très lentement.

Il y a donc une autre cause qui amène une perturbation dans le dosage. Nous avons recherché si cette dernière ne résultait pas de l'acidulation. Nous avons fait l'expérience suivante.

Après avoir dosé par la méthode de Ronchèse une solution contenant 5 centigr. d'acide urique, ajoutons 5 gouttes de solution N/10 d'iode de façon à avoir une teinte jaune nette. Prélevons 5 cc. comme témoin. Puis dans le reste de la liqueur, versons 10 cc. d'acide chlorhydrique à 25 %. L'iode disparaît immédia-

(1) En présence des sels ammoniacaux, la teinte bleue est fugace. Nous en verrons la raison plus loin.

tement, l'empois d'amidon n'en décèle aucune trace, alors que la prise d'essai témoin bleuit fortement par cet indicateur.

C'est donc en milieu acide que l'excès d'iode supérieur à deux atomes est absorbé.

Par conséquent, si on verse un excès d'iode dans une solution bicarbonatée d'acide urique, il y a absorption d'une quantité d'iode égale à 2 atomes par molécule et l'acide urique est transformé en un corps intermédiaire. Si, à ce moment, on acidule une nouvelle quantité d'iode entre en réaction pour oxyder le corps intermédiaire. On comprend pourquoi en dosant après acidulation (1), la proportion d'iode consommée, on trouve en suivant ce mode opératoire un chiffre plus élevé que par la méthode de Ronchèse.

La première oxydation engage strictement 2 atomes d'iode, la seconde en utilise beaucoup moins, car elle ne porte pas sur la totalité du corps intermédiaire. Une portion de celui-ci décomposée par l'acide en allantoïne, inattaquable dans ces conditions, échappe à l'oxydation. Cette fraction est variable suivant la moindre modification dans les détails du mode opératoire. De ce fait, il est difficile de réaliser plusieurs expériences identiques.

Ce n'est pas tout. Il faut considérer un autre facteur d'une importance capitale ; le temps de contact du composé intermédiaire avec le corps alcalin. Les chiffres suivants en font foi.

---

(1) Il est toujours nécessaire d'aciduler avant d'effectuer le titrage à l'hyposulfite, même en présence d'un corps alcalin sans action apparente sur l'iode. En versant une solution d'hyposulfite de soude dans une liqueur contenant de l'iode et du bicarbonate de potassium, par exemple, on fait apparaître de l'hypoïodite (J. BOUGAULT. *J. P. C. T.* 16, p. 33, 1917).

Temps de contact	Iode absorbé en atomes par mol. d'ac. urique	
	I (1)	II
5 minutes	2.43	2.4
15 —	2.9	2.86
30 —	2.97	2.97
45 —	3.1	2.95
60 —	3.05	2.99
90 —	3.06	2.99
120 —	3.06	3.18

L'interprétation de tels résultats est difficile, car d'après ce que nous venons de voir, il y a deux processus d'oxydation possibles, l'un très lent en milieu alcalin, l'autre rapide au moment de l'acidulation, on ne peut savoir à quel processus, alcalin ou acide, est due l'absorption de l'iode.

Pour connaître la part attribuable à l'oxydation en milieu acide il est nécessaire de soustraire le composé intermédiaire à l'oxydation alcaline. Nous y sommes parvenus en adoptant le mode opératoire suivant :

5 centigrammes d'acide urique additionnés de 20 cc. d'une solution saturée de bicarbonate de potassium sont oxydés avec de l'iode en solution N/10 jusqu'à teinte jaune persistante. Le léger excès d'iode est éliminé à l'aide d'hyposulfite de soude en solution très diluée (1cc. = 0,006 d'iode). Après des temps variables, on ajoute 5 cc. d'une solution d'iodate et d'iodure de potassium libérant environ 50 mmgr. d'iode par acidulation et préalablement dosée. Puis on verse le tout dans une fiole d'Erlenmeyer de 500 cc. contenant 20 cc. d'acide chlorhydrique

(1) Voir la courbe I, page 36.

à 25 % et 100 cc. d'eau. L'iode en excès est titré au moyen de la solution d'hyposulfite (1 cc. = 0,006 iode). Par différence, on obtient la quantité d'iode absorbée en milieu acide.

Celle-ci subit les variations ci-dessous (1) :

Temps de contact du corps intermédiaire en milieu alcalin	Iode absorbé (2) (en atomes par mol. d'ac. urique).
5 minutes	0.96
15 —	1.05
30 —	0.97
45 —	0.39
60 —	0.12
90 —	0.11
120 —	0.03

La décroissance de la quantité d'iode absorbée en fonction du temps semble indiquer que le composé intermédiaire se dé-truit, s'il est soumis à un contact prolongé avec la solution du corps alcalin. Mais si nous reprenons avec le réactif de Nessler, les expériences indiquées plus haut, nous constaterons qu'il y a encore dans la liqueur un composé intermédiaire, dédou-blable en allantoïne par les acides .

Ce nouveau corps intermédiaire est donc moins oxydable en milieu acide que le précédent, c'est pourquoi la quantité d'iode absorbée va en diminuant.

Pour expliquer l'ensemble de ces phénomènes, nous admettrons l'hypothèse suivante :

(1) Il ne faut pas comparer ces chiffres avec ceux du tableau précédent, car les conditions de l'oxydation en milieu acide ont changé.
(2) Voir la courbe (II) page 36.

L'acide urique oxydé par l'iode en présence de bicarbonate de potassium est d'abord transformé en un corps intermédiaire A. Celui-ci laissé en contact avec la solution revêt une forme nouvelle A' sous laquelle il est moins oxydable par l'iode en milieu acide.

A et A' sont probablement isomères ou tout au moins de constitution très voisine, car ils donnent tous deux de l'allantoïne sous l'action des acides.

Des faits semblables se reproduisent si l'acide urique est oxydé par l'iode en présence de borax. Si, dans ce cas, on dose l'iode absorbé après acidulation, on obtient les chiffres suivants.

Temps de contact.	Iode absorbé (1) (en atomes par mol. d'ac. urique)
5 minutes	2.4
15 —	2.32
30 —	2.2
45 —	2.17
60 —	2.13
90 —	2.11
120 —	2.09
120 —	2.09
360 —	2.09
24 heures	2.12
48 heures	2.22

La marche de l'oxydation est un peu différente de celle précé-

(1) Voir la courbe (III) page 36.

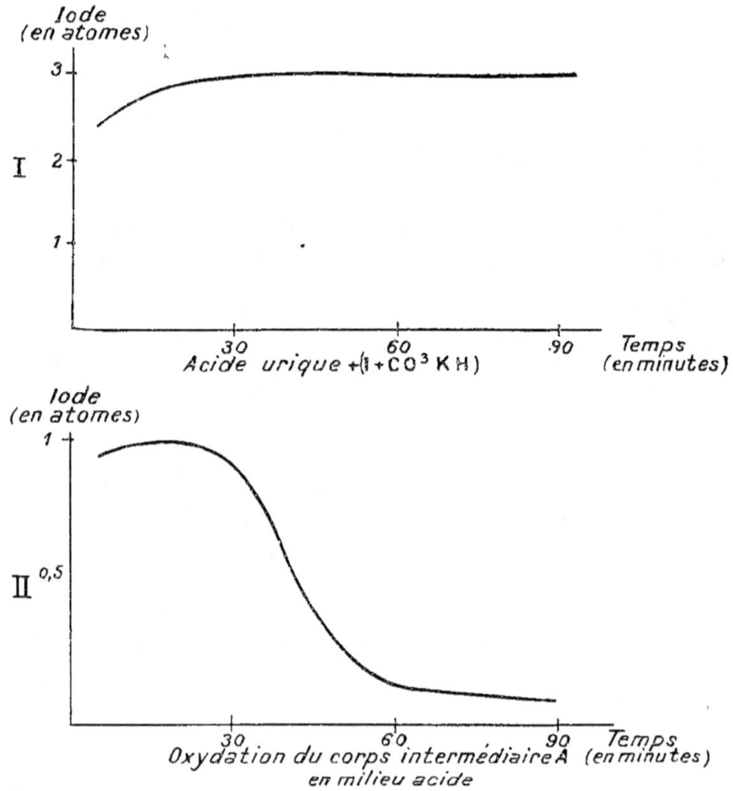

Iode
(en atomes)
3
I
2
1
30
60
90
Temps
(en minutes)
Acide urique +(1+CO3 KH)
Iode
(en atomes)
1
II
0,5
30
60
90
Temps
(en minutes)
Oxydation du corps intermédiaire A
en milieu acide

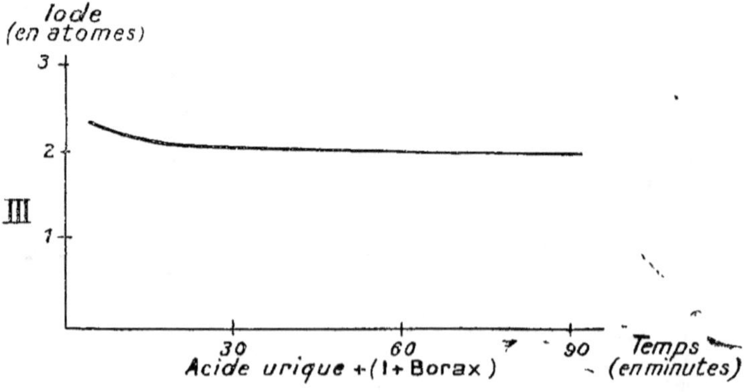

Iode
(en atomes)
3
III
2
1
30
60
90
Temps
(en minutes)
Acide urique +(1+Borax)

demment étudiée, Cette divergence est vraisemblablement due
à la nature du corps intermédiaire.

Pour vérifier cette hypothèse, nous avons fait deux séries paral-
lèles d'expérience : l'une en solution bicarbonatée, l'autre en
solution boratée.

Nous avons commencé par oxyder l'acide urique par l'iode
en présence d'un des corps alcalins, nous avons ajouté de la soude,
puis après avoir jugé l'action de cet alcali suffisante le mélange
iodate + iodure utilisé précédemment. En versant le tout dans
solution acidulée, nous avons oxydé le corps intermédiaire. Le
titrage de l'iode libre renseigne sur la variation de cette dernière
oxydation.

Voici le détail des manipulations :

5 centigr. d'acide urique en solution bicarbonatée (1) sont
additionnés d'iode en solution N/10 jusqu'à apparition d'un
léger excès d'oxydant. On ajoute ensuite 20 cc. de liqueur N
de soude. Après 15 minutes de contact, on met, comme dans
l'expérience décrite plus haut, 5 cc. de solution (iodate + iodure)
On verse dans la solution chlorhydrique diluée. L'iode absorbé
est titré par différence.

On constate que la soude a rendu le corps intermédiaire A
moins oxydable en milieu acide.

	Iode absorbé	
	(rapporté à une mol. d'ac. urique)	
	I	II
Solution bicarbonate + soude	0.11	0.09
Solution bicarbonate (témoin)	0.98	0.93

(1) Pour préparer ces solutions d'acide urique, nous dissolvons 1 gr. de
l'uréide, purifié par dissolution dans l'acide sulfurique et précipitation par
l'eau, dans environ 100 cc d'eau à la faveur de 1 cc. de lessive de soude 30 %
et nous complétons à 200 cc. Cette solution répartie par 10 cc. est acidulée

Si on renouvelle la même expérience sur une solution boratée, contrairement à ce qui a été observé avec la liqueur bicarbonatée, la proportion d'iode absorbée par le corps intermédiaire en milieu acide varie peu, fait qui nous incite à penser que le composé est, dans ce cas, peu sensible à l'influence de la soude.

Dans les mêmes conditions que précédemment, on a les résultats suivants :

	Iode absorbé (rapporté à une mol. d'ac. urique)·	
Sol. borate de soude + soude	0.24	0.24
Sol. borate de soude (témoin)	0.30	0.32

Cette différence d'action de la soude suivant que l'on opère sur le corps intermédiaire produit dans l'oxydation de l'acide urique en présence de bicarbonate de potasse ou de borax ne peut s'expliquer qu'en supposant que, dans ces deux cas, les corps intermédiaires sont différents. L'alcali jouerait un rôle prépondérant sur la formation de l'un ou de l'autre. Cette hypothèse semble justifiée par les faits que l'on observe si on substitue la soude au bicarbonate de potassium, comme nous allons le voir dans le chapitre suivant.

par l'acide chlorhydrique dilué. L'acide urique précipité est solubilisé, suivant les nécessités, par du bicarbonate ou du borax. Nos expériences ont toujours porté sur des solutions sodiques préparées le jour même, car l'oxygène de l'air amène une rapide modification du titre en acide urique.

CHAPITRE IV

OXYDATION DE L'ACIDE URIQUE PAR L'IODE
EN PRESENCE DE SOUDE

Si on met une quantité connue d'acide urique en solution
-sodique en contact avec un excès de liqueur titrée d'iode et que
l'on acidule après 1/4 d'heure, on constate, en dosant l'iode résiduel, qu'une molécule d'uréide consomme 3 atomes 5 d'oxydant
(Kreidl) (1) ; quantité bien supérieure à celles que nous avons
signalées avec les autres corps alcalins. La cause d'une absorption
d'iode dépassant 2 atomes est cependant la même que précédemment ; l'oxydation du corps intermédiaire en milieu acide. Il
faut alors supposer, que le composé intermédiaire qui se forme
en milieu sodique, n'est pas identique à celui qui prend naissance
dans l'oxydation bicarbonatée. Cette hypothèse est justifiée.

Nous avons déjà fait observer que le composé A soumis 1/4
d'heure à l'action de la soude, perd sa faculté d'oxydation en
milieu acide. Au contraire, le composé formé en milieu sodique

(1) Kreidl (loc. cit.).

laissé le même temps dans ce milieu, absorbe dès qu'on acidule la solution sodique, une notable proportion d'iode : 1 atome 5 en rapportant à une molécule d'acide urique primitif. Il ne subit donc pas, sous l'influence de la soude, une transformation comme A. Pour le différencier, nous désignerons par B, le composé intermédiaire prenant naissance dans l'oxydation de l'acide urique en présence de soude.

Toutefois A et B ne sont pas tellement différents entre eux ; ils donnent l'un et l'autre de l'allantoïne sous l'action des acides.

Cependant, seul, B nous a donné un uroxanate alcalin par concentration en présence de potasse (1). Nous n'avons pu obtenir cet uréide par concentration de la solution bicarbonatée de A, même additionnée de potasse.

De ces faits, nous conclurons que A et B, quoique voisins comme constitution, ne sont pas identiques.

Le corps intermédiaire B n'est pas la forme stable du produit d'oxydation de l'acide urique, car en acidulant la solution alcaline, non pas après 1/4 d'heure de contact avec l'iode, mais après 3/4 d'heure, la quantité d'iode consommée par une molécule d'acide urique n'est plus que 2 atomes 3 au lieu de 3 atomes 5. Or, à ce moment, il existe toujours dans la solution sodique un corps intermédiaire donnant de l'allantoïne par acidulation et un uroxanate par action des alcalis à la température du B. M. bouillant.

Par conséquent, B s'est transformé en B', composé isomère,

---

(1) La potasse et la soude ont une action semblable. Nous avons eu recours à la potasse parce que l'uroxanate de potassium est mieux cristallisé que l'uroxanate de sodium.

moins oxydable en milieu acide ; c'est pourquoi la proportion d'iode entrant en réaction est moindre.

Voilà donc résolu, semble-t-il, le problème soulevé par les phénomènes observés par Kreidl. La complexité des réactions n'est pas due à la formation d'un composé iodé, mais à l'existence de composés intermédiaires successifs, plus ou moins oxydables par l'iode en milieu acide.

Cette conclusion découle logiquement des faits que nous venons d'exposer. Mais pour apporter à notre étude encore plus de précision l'isolement des corps prenant naissance dans l'oxydation des composés intermédiaires s'impose.

Nous avons d'abord recherché le produit d'oxydation de B.

Des investigations dans ce domaine ont été effectuées par Bryk (1). Ce chimiste dont le but était d'élucider les faits observés par Kreidl n'a apporté aucune lumière sur ceux-ci. Après avoir décrit de nombreuses expériences relatives à l'oxydation de l'acide urique par l'iode en présence de potasse, il conclut à la difficulté de préparer des corps purs. Il signale, fait très surprenant, l'urate acide de potassium dans les produits obtenus. La précipitation de cet urate pendant la réaction nous a paru liée à une oxydation incomplète, conséquence de l'insuffisance de la quantité d'alcali employée.

Nous avons été plus heureux dans nos essais :

A 6 gr. d'acide urique délayés dans 60 cc. d'eau, nous avons ajouté 20 cc. de lessive de soude 30 %, puis versé par petites portions 15 gr. d'iode finement pulvérisé. Aussitôt l'oxydation terminée, nous avons acidulé avec une solution d'acide acétique

---

(1) Bryk (loc. cit.).

au demi en refroidissant sous un courant d'eau. Une effervescence se produit en même temps que l'iode dissimulé à l'état d'iodure et d'iodate réapparaît. La liqueur se décolore et un précipité se forme. Il est essoré, lavé, séché sur le vide sulfurique (Rendement 3 gr. 20).

Pour le purifier, nous l'avons divisé dans 100 cc. d'eau, puis dissout en ajoutant la quantité de soude nécessaire pour obtenir une liqueur claire. Après filtration, nous reprécipitons par l'acide acétique et le produit qui se dépose est immédiatement recueilli.

Le corps obtenu est blanc, pulvérulent. Examiné au microscope, il apparaît constitué par des petites sphères cristallines. La chaleur le décompose entre 180-185°. Il est insoluble dans l'eau, l'alcool, l'éther, soluble dans les solutions alcalines, reprécipité par l'acide acétique et non par les acides minéraux qui l'altèrent. A l'ébullition, les alcalis le décomposent en acide oxalique et urée. Si on le soumet à froid à l'action de la lessive de potasse, on constate un dégagement d'ammoniaque et l'acide acétique, ajouté après une demi-heure de contact, précipite un corps que nous avons identifié avec l'allantoxanate de potassium.

Analyse :

	Trouvé	calculé pour $C_4H_2N_3O_4K$
K %	19.90	20
N %	20.14	21.5

Il est à noter qu'il se forme en même temps une quantité notable d'acide oxalique.

L'analyse élémentaire nous a donné les résultats suivants :

C %	30.6	30.5
H %	2.8	2.48
N % (Kjeldahl)	34.5	35.7

Ces chiffres correspondent à la composition de l'amide allantoxanique (C = 30.7 %   H = 2.5 %   N = 35.8 %) à laquelle doit être attribuée la constitution suivante d'après celle admise par les allantoxanates.

$$CO \Big\langle {\overset{\displaystyle NH - C = NH - CO - NH^2}{\underset{\displaystyle NH - CO}{\textstyle |}}} = C^4 H^5 N^3 O^3$$

Cette formule explique le dédoublement en acide oxalique et urée d'après l'équation :

$$CO \Big\langle {\overset{\displaystyle HN - C = N - CO - NH^2}{\underset{\displaystyle NH - CO}{\textstyle |}}} + 2 KOH + H^2 O = {\overset{\displaystyle COOK}{\underset{\displaystyle COOK}{\textstyle |}}} + 2 CO \Big\langle {\overset{\displaystyle NH^2}{\displaystyle NH^2}}$$

Ainsi que la transformation en allantoxanate de potassium avec dégagement d'ammoniaque sous l'influence de la potasse en solution concentrée. Cette réaction peut être interprétée par l'équation :

$$CO \Big\langle {\overset{\displaystyle NH - C = N CO NH^2}{\underset{\displaystyle NH - CO}{\textstyle |}}} + KOH = CO \Big\langle {\overset{\displaystyle NH - C = N - COOK}{\underset{\displaystyle NH - CO}{\textstyle |}}} + NH^2$$

En faisant agir les alcalis étendus sur l'amide allantoxanique, on peut en préparer les dérivés métalliques cristallisés. Si on dissout 0 gr. 50 de ce corps dans 5 cc. d'eau au moyen de 2 cc. 5 de solution normale d'un alcali, la solution limpide se prend bientôt en masse. Il s'est formé une combinaison alcaline peu soluble (1). En opérant à une dilution convenable, on a le temps

(1) On peut revenir à l'amide en solubilisant cette combinaison dans une solution alcaline faible et en reprécipitant par l'acide acétique.

de passer la dissolution sur un filtre de Büchner avant la cristallisation. Nous avons pu ainsi préparer les dérivés monosodique, monopotassique et monoammoniacal de notre amide (1).

1° *Dérivé sodique.* — 4 gr. d'amide sont dissous dans 20 cc. 4 de solution N de soude en présence de 150 cc. d'eau. La combinaison cristallise formée répond à la formule $C^4H^3N^4O^3Na$. 1,5 H^2O.

	Trouvé	Calculé
Analyse Na %	11.22-11.04	11.21
N %	26.90	27.31

2° *Dérivé potassique.* — Celui-ci est plus soluble que le dérivé sodique, aussi avons-nous diminué la quantité d'eau à employer Les proportions sont les suivantes : 4 gr. d'amide, 20 cc. 4 de KOHN + 40 cc. d'eau.

Il a pour formule $C^4H^3N^9O^3K$ 1,5 H^2O.

	Trouvé	Calculé
Analyse : K %	17.75-17.28	17.64
N %	24.71	25.33

3° *Dérivé ammoniacal.* — Ce dérivé est aussi insoluble que le dérivé sodé et se prépare dans des conditions voisines : 4 gr. d'amide, 20 cc. 4 NH^3 sol. N et 120 cc. d'eau.

Sa formule est $C^4H^3N^4O^3NH^4.H^2O$.

		Trouvé	Calculé
Analyse :	C %	25.02	25.1
	H %	4.7	4.71
	N %	36.15-36.25	36.55
	NH^3 %	9.1	8.9

(1) Tous ces dérivés cristallisent en fines aiguilles

Il est à remarquer que tous ces composés fixent au moins une molécule d'eau (1). L'amide allantoxanique lui-même ne fait pas exception. Elle se transforme en un dérivé hydraté, si on la laisse en contact avec l'eau (2). Cet hydrate n'a pu être isolé à un état de pureté suffisant pour l'étudier. Il nous parait être l'oxyallantoïne dont la constitution serait :

$$CO\begin{cases} NH - OHC - NH - CO - NH^2 \\ \quad\quad\;\; | \\ NH - CO \end{cases} = C^4\,H^6\,N^4\,O^4$$

L'étude de ce composé a retenu notre attention, car il était intéressant de le comparer avec deux uréides très voisins possédant la même formule brute : l'amide d'un acide oxalbiurétique (3) et l'oxalyldiuréide.

Le premier fut préparé par Grimaux (4) en fondant l'acide parabanique et l'urée à 125-130°. Ce chimiste lui assigna la constitution :

$$\begin{array}{l} CO - NH - CO - NH - CO - NH^2 \\ | \\ CO - NH^2 \end{array}$$

Celle-ci explique les propriétés de ce composé : dédoublement en acide oxalique et urée sous l'influence de l'ammoniaque à chaud et réaction du biuret positive.

(1) Nous ferons la même remarque à propos des allantoxanates et de l'allantoxaïdine, corps très voisins.

(2) C'est pourquoi nous avons indiqué de la recueillir aussitôt sa précipitation.

(3) Le dictionnaire de Belstein (BELSTEIN. *Handbuch der organische Chemie.* 3 Auflage T. 1., p. 1369, 1893) désigne, à tort, ce composé sous le nom d'oxalyldiuréide.

(4) GRIMAUX. *Bull. Soc. chim.* T. 32, p. 120, 1879. (Un uréide paraissant identique a été préparé par HLASIWETZ *J. pr.* p. 106, 1856, mais sa description est trop succinte pour le comparer au précédent).

Cependant Ponomarew (1) prétendit avoir obtenu à partir de cet amide l'allantoxanate de potassium. Aussi il supposa que le composé de Grimaux était l'hydrate de l'amide allantoxanique (le corps que nous avons vainement essayé de préparer).

En 1912, Bornwater (2) obtint par action du chlorure d'oxalyle sur l'urée un produit répondant à la formule :

$$\begin{matrix} CO - NH - CO - NH^2 \\ | \\ CO - NH - CO - NH^2 \end{matrix} = C^4 H^6 N^4 O^4$$

Il revendiqua pour ce corps le nom d'oxalyldiuréïde et le considéra comme différent de celui de Grimaux.

Biltz et Topp (3) furent de l'opinion contraire. Ayant préparé l'oxalyldiuréide en oxydant l'allantoïne par le persulfate d'ammoniaque en présence d'acétate d'ammoniaque, ils affirmèrent que le composé de Grimaux n'était autre que l'oxalyldiuréide et qu'il ne donnait pas la réaction du biuret. D'après eux, les condensations d'acide parabanique et d'urée, de chlorure d'oxalyle et d'urée se feraient d'après les processus suivants :

1º Formation d'oxyallantoïne (hypothétique)

$$CO\!\!\begin{matrix} NH - CO \\ | \\ NH - CO \end{matrix} + \begin{matrix} HHN \\ \\ H^2N \end{matrix}\!\!CO = CO\!\!\begin{matrix} NH - \overset{OH}{\underset{|}{C}} - NH - CO - NH^2 \\ \\ NH - CO \end{matrix}$$

$$CO\!\!\begin{matrix} NHH \\ \\ NHH \end{matrix} + \begin{matrix} ClOC \\ | \\ ClOC \end{matrix} + \begin{matrix} HHN \\ \\ H^2N \end{matrix}\!\!CO = CO\!\!\begin{matrix} NH - \overset{OH}{\underset{|}{C}} - NH - CO - NH^2 \\ \\ NH - CO \end{matrix} + 2\,HCl$$

(1) Ponomarew. *Berichte d. deut. chem. Gesell.* T. 18, p. 981, 1885.
(2) Bornwater. *Recueil des travaux chimiques des Pays-Bas.* T. 31, p1.24, 1912.
(3) Biltz et Topp. *Berichte d. deut. chem. Gesell.* T. 46, p. 1404, 1913.

2º Transformation de l'oxyallantoïne en oxalyldiuréide.

$$CO\begin{cases} NH - \overset{\overset{\textstyle OH}{|}}{C} - NH - CO - NH^2 \\ NH - CO \end{cases} \longrightarrow \quad \begin{matrix} CO - NH - CO - NH^2 \\ | \\ CO - NH - CO - NH^2 \end{matrix}$$

Mais Bornwater (1) parvint à préparer synthétiquement le composé de Grimaux, qu'il appelle amido-oxalylbiuret, par action de l'ammoniaque sur l'a.carbétoxyl.b.oxaléthoxylurée. Le composé ainsi obtenu donne bien la réaction du biuret que les auteurs précédents considèrent comme négative avec l'oxalyl-diuréide.

Or tout récemment Hugounencq, Florence et Couture (2) signalent l'oxalyldiuréïde comme biurétique. La question reste donc bien confuse. Il y a cependant lieu de conclure qu'il existe deux uréides $C^4H^6N^4O^4$ l'amido-oxalylbiuret et l'oxalyldiuréide.

Après avoir isolé le produit d'oxydation du composé B, nous avons recherché celui de B'. Celui-ci s'oxyde beaucoup plus lentement, ce qui ne nous a pas permis de l'isoler. Voici ce que nous avons observé.

Si on fait agir 15 gr. d'iode sur 6 gr. d'acide urique en milieu sodique et que l'on acidule une heure après l'oxydation alcaline, la totalité de l'iode ne disparaît qu'après plusieurs heures. Pendant ce temps, un précipité s'est formé peu à peu. Il est constitué par un mélange complexe d'uréides, à l'exception d'amide allantoxanique et dans lequel nous n'avons pu isoler aucun corps

(1) Bornwater. *Recueil des travaux chimiques des Pays-Bas.* T. 32, p. 337, 1913
(2) Hugounencq, Florence et Couture. *Bull. Soc. Chim. biol.* T. 5, p. 717, 1923.

pur. Nous pouvons cependant affirmer l'existence d'au moins
un uréide oxalique, car on constate la formation d'acide oxalique
si on hydrolyse une petite portion du mélange par la soude en
solution diluée.

Ainsi l'oxydation en milieu acide différencie B et B'. Mais il
y a encore plus, B' est plus stable que B en présence des acides.
S'il donne aussi de l'allantoïne, la production de cet uréide est
lente, tout au moins à froid. Ce fait explique pourquoi l'oxydation
a le temps de s'accomplir avant la transformation de B' en allantoïne (1).

Pour terminer cette étude concernant le corps intermédiaire
B, nous avons cherché quelle était sa forme stable, si on prolonge
son contact avec l'alcali. Nos recherches nous ont montré que
le composé intermédiaire est finalement hydrolysé en donnant
un uroxanate alcalin. Ce fait était à prévoir, étant donné que
l'acide uroxanique se forme par action de l'air sur une solution
sodique d'acide urique. Il peut être facilement contrôlé.

Après avoir oxydé 6 gr. d'acide urique par 9 gr. 50 d'iode en
présence de 20 cmr de lessive de potasse 50 % et 60 cc. d'eau,
on conserve pendant un mois la solution en ballon scellé dans
le vide. Ensuite on concentre dans le vide sulfurique. Les cristaux obtenus sont dissous dans un peu d'eau, on concentre à
nouveau pour faire recristalliser. Enfin on recueille le produit,
on lave plusieurs fois à l'alcool afin d'éliminer complètement
l'iodure de potassium. On sépare ainsi de l'uroxanate de potassium (2).

(1) Nous avons déjà signalé que l'allantoïne est attaquée avec une extrême
lenteur par l'iode en milieu acide. Si donc cet uréide se formait rapidement
il n'y aurait pas, même après plusieurs heures, une absorption notable d'iode.
(2) L'uroxanate de potassium que nous avons obtenu dans les diverses mani-

	Trouvé	Calculé pour $C_5H_6N_4O_6K_2\ 3H_2O$
Analyse : K %	23.07	22.28
N %	17.17	16.8

L'acide uroxanique est donc la forme vers laquelle tend le corps intermédiaire laissé en solution sodique ou potassique. Cet acide n'a été jusqu'ici obtenu qu'en oxydant l'acide urique par l'air, le permanganate de potassium et l'iode en présence de ces alcalis. Ceci laisse à supposer que le corps intermédiaire B se forme dans toutes les oxydations conduites dans un milieu contenant de la potasse ou de la soude. L'alcali aurait donc une action spécifique sur la nature du corps intermédiaire, l'oxydant n'a aucune influence. Cette conception qui prend corps depuis le début de notre exposé va trouver un nouvel appui dans l'étude de l'oxydation de l'acide urique par l'iode en présence d'ammoniaque. Les corps spéciaux préparés dans cette réaction peuvent être obtenus avec n'importe quel oxydant : iode, permanganate et ferricyanure de potassium, persulfate d'ammoniaque.

pulations accomplies dans nos recherches contenait toujours 3 H_2O. Biltz et Robl signalent des uroxanates de potassium à 3 1/2 H_2O et 1/2 H_2O (BILTZ ET ROBL. *Berichte der deut. chem. Gesell.* T. 53, p. 1.953, 1920).

CHAPITRE V

OXYDATION DE L'ACIDE URIQUE PAR L'IODE EN PRESENCE D'AMMONIAQUE

L'oxydation de l'acide urique en présence des corps alcalins : bicarbonate de potassium, borax, soude, nous a fourni des résultats présentant entre eux une grande analogie. Mais si à ces alcalis, on substitue l'ammoniaque, la marche de l'oxydation est tout à fait différente ; une molécule d'acide urique tend à absorber d'emblée 4 atomes d'iode, alors que dans les cas précédents, la réaction se ralentit dès que la même quantité d'uréide a absorbé 2 atomes d'oxydant.

De plus, l'ammoniaque n'intervient pas seulement dans le phénomène d'oxydation (1), elle se combine avec les composés

(1) L'action du mélange $(I + NH^4)$ peut s'expliquer en faisant intervenir l'hypoïodite. Le processus de formation de ce corps est complexe. D'après Chataway et Orton (*Am. chem. Journal.* T. 24, p. 342, 1900) les phénomènes se passeraient dans l'ordre suivant :
L'iode réagirait sur l'ammoniaque d'après l'équation :
$$I^2 + NH^4OH = NH^4OI + NH^4I$$
Puis l'iodure d'azote se formerait aux dépens de l'hypoïodite d'après la réaction réversible :
$$3\,NH^4OI \rightleftarrows N^2H^3I^3 + 2\,H^2O + NH^4OH$$
En présence d'un corps oxydable l'équilibre est rompu et l'iodure d'azote disparaît en se transformant en hypoïodite.

prenant naissance dans la réaction et de ce fait, les produits obtenus sont les dérivés aminés.

Ainsi, en oxydant une molécule d'acide urique par deux atomes
d'iode en présence d'ammoniaque, nous avons préparé un dérivé
aminé de l'allantoïne.

Nous opérons de la façon suivante :

10 gr. d'acide urique sont agités fortement avec 60 cc. d'eau
et 60 cc. de solution officinale d'ammoniaque. On ajoute ensuite,
par petites portions, 16 gr. d'iode pulvérisé. La réaction est
lente au début, car la plus grande partie de l'iode est fixée à l'état
d'iodure d'azote. Peu à peu, ce corps se dissocie et l'oxydation
s'accomplit. Lorsqu'elle est terminée, la solution est limpide.
On filtre et on abandonne pendant 24 heures. Pendant ce temps,
d'abondants cristaux se déposent. Ceux-ci sont recueillis (R^{dt} =
5 gr. 80) puis purifiés par dissolution dans de l'acide sulfurique
à 1/10 et précipitation immédiate par addition d'un excès d'ammoniaque.

Le corps ainsi obtenu est blanc, il se présente sous forme de
cristaux microscopiques en forme de parallélogrammes. Soumis
à l'action de la chaleur, il se décompose sans fondre à partir de
185°. Il est insoluble dans l'eau, l'alcool, l'éther, soluble dans les
acides minéraux dilués et reprécipité par l'ammoniaque. Les
alcalis l'altèrent et mettent de l'ammoniaque en liberté.

La solution dans les acides dilués donne avec le réactif de
Nessler un précipité blanc qui noircit rapidement, indice d'une
réduction. Celle-ci nous a fait penser à la production d'allantoïne.
On obtient en effet ce corps, si on abandonne la solution chlorhydrique du produit.

Profitant de la faible solubilité de l'allantoïne, nous avons cherché à utiliser cette décomposition par les acides pour déterminer la proportion d'allantoïne fournie par un poids donné du nouveau composé.

Nous avons dissous 0 gr. 40 du produit finement pulvérisé dans 5 cc. d'eau et 2 cc. d'acide chlorhydrique à 25 %, nous avons abandonné le tout pendant 48 heures. Les cristaux d'allantoïne ont été recueillis, lavés avec 2 cc. d'eau, séchés, puis pesés (p = 0 gr. 3685). Cette quantité ne donne pas exactement la proportion d'allantoïne, il faut tenir compte de la solubilité de cet uréide dans la solution chlorhydrique. Une correction est donc nécessaire. Nous avons repris les cristaux dans les mêmes conditions que précédemment. Une nouvelle pesée nous a donné p' = 0 gr. 3380. Par suite, la quantité d'allantoïne dissoute est p — p' = 0 gr. 0305. Donc 0 gr. 40 du produit mis en expérience donne 0 gr. 3685 + 0 gr. 0305 = 0 gr. 399 d'allantoïne.

En rapportant ce chiffre à une molécule d'allantoïne, on trouve pour le corps étudié un poids moléculaire de 159, ce qui correspond approximativement au remplacement d'un groupement OH par NH_2. La formule brute serait $C_4H_7N_5O_2$ P.M. = 157.

Le dosage de l'azote total apporte la confirmation de ces vues :

	Trouvé	Calculé
N %	44.53-44.55	44.58

D'après l'ensemble de ces faits, nous proposerons pour le dérivé étudié la constitution :

$$CO \Big\langle {{NH - \underset{\underset{NH}{|}}{\overset{\overset{NH_2}{|}}{C}} - NH} \atop {NH - \underset{}{C}H - NH}} \Big\rangle CO$$

L'équation du dédoublement par les acides serait :

$$CO\begin{cases}NH\overset{\displaystyle NH^2}{-}C-NH\\NH-CH-NH\end{cases}CO + H^2O + HCI = CO\begin{cases}NH-CO\quad NH^2\\NH-CH-NH\end{cases}CO + NH^4Cl$$

Arrivé à ce point de notre travail, nous nous sommes aperçu que ce dérivé aminé de l'allantoïne avait des propriétés identiques (1) à l'imino-allantoïne de Denicke (2), aussi lui conserverons-nous cette appellation.

———

L'imino-allantoïne n'est pas le seul composé qui prenne naissance dans l'action de l'iode sur l'acide urique en milieu ammoniacal. La quantité d'iode absorbée par une molécule d'acide urique peut ne pas se limiter à 2 atomes ; lorsqu'on emploie un excès d'oxydant, on observe une absorption plus considérable jusqu'à 4 atomes.

Ainsi 10 gr. d'acide urique en présence de 120 cc. d'ammoniaque (sol. officinale) et 60 cc. d'eau consomment 25 gr. (3) d'iode. Après 1/2 heure, un corps précipite à l'état cristallin. Nous l'avons caractérisé comme le composé $C^4H^8N^6O^2$ que Denicke avait préparé en oxydant l'acide urique par le ferricyanure de potassium en présence d'ammoniaque.

(1) Parmi les réactions de l'imino-allantoïne, nous donnerons quelques précisions au sujet de la production d'acide oxalique par action des alcalis, observée par Denicke. L'imino-allantoïne ne donne pas immédiatement de l'acide oxalique par hydrolyse, mais de l'acide glyoxylique, fait démontré à l'aide du réactif de Nessler. Ce n'est que si l'action des alcalis est prolongée que l'on fait naître de l'acide oxalique, car l'acide glyoxylique donne celui-ci d'après la réaction de Cannizaro.

(2) DENICKE. *Ann. der Chemie.* T. 349, p. 269, 1906.

(3) La quantité d'iode correspondante à 4 atomes est 30 gr. Les 5 derniers grammes disparaissent très lentement.

	Trouvé	Calculé
Analyse : N %	48.98-48.54	48.83

D'après cet auteur, le composé $C^4H^8N^6O^2$ est décomposable en acide oxalique et urée sous l'influence de la soude. Nous avons complété cette observation qualitative en dosant l'acide oxalique formé dans l'hydrolyse. La solution de l'uréide dans une solution de soude à 2 % a été maintenue pendant une heure à la température du B. M. bouillant. Puis après acidulation par l'acide sulfurique à 25 %, l'acide oxalique libéré a été titré au moyen d'une liqueur de permanganate de potassium N/10 (1).

On a obtenu les chiffres suivants.

théorique

0 gr. 02 du composé donnent 0 gr. 0103 d'ac oxal. anhy. 0,01046
0,0708   —   —   0 gr. 039   —   —   0,0408

Nous avons aussi déterminé, par la méthode de Fosse, l'urée formée dans cette même hydrolyse.

Comme l'urée tend dans ces conditions à se transformer en sel ammoniacal, quelques précautions étaient nécessaires, nous avons opéré en tube scellé et par comparaison avec une solution d'urée d'une teneur égale à celle formée dans la décomposition En faisant une correction, nous avons eu des résultats correspondant à 5 % près du chiffre théorique.

Ces propriétés nous conduisent à admettre pour le composé $C^2H^6N^8O^4$, la constitution donnée par Denicke, qui est la suivante :

(1) On peut titrer de l'acide oxalique et présence de l'urée, le permanganate de potassium en milieu acide n'a aucune action sur ce dernier corps (LANGBEIN *Jahresberichte d. Chemie*, p. 294, 1868. PREUSSE. *Bericht d. deut. chem. Cesell.* T. 12, p. 1915, 1879 FALTA. *Berichte d. deut. chem. Gesell.* T. 34, p. 2675, 1901).

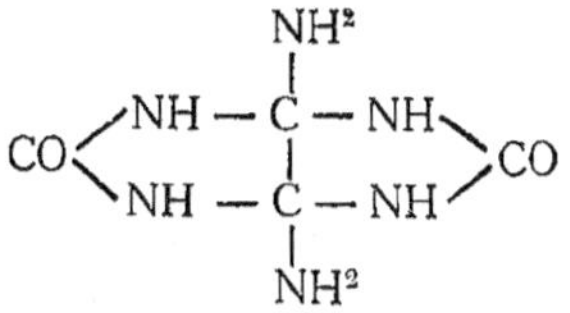

$$CO\left\langle \begin{array}{c} NH - \overset{\displaystyle NH_2}{\underset{\displaystyle |}{C}} - NH \\ NH - \overset{\displaystyle |}{\underset{\displaystyle NH_2}{C}} - NH \end{array} \right\rangle CO$$

Elle correspond à un diamino-oxalyldiuréide.

Ainsi l'acide urique oxydé en milieu ammoniacal tend à se dégrader jusqu'au terme : uréide oxalique. Il n'est cependant pas nécessaire, en vue d'une action si profonde de l'oxydant, que la réaction aît lieu en présence d'un grand excès d'ammoniaque. Nous avons pu conduire l'oxydation au même terme avec un minimum d'alcali.

10 gr. d'acide urique sont mis en suspension dans 80 cc. d'eau, on ajoute ensuite 4 cc. de solution officinale d'ammoniaque et 20 cc. d'une solution d'iode à 1/5 dans l'iodure de potassium, puis de l'ammoniaque jusqu'à ce que l'iode ait disparu. On continue l'oxydation en versant successivement de l'iode pulvérisé par petites portions et de l'ammoniaque par 2 cc. On utilise ainsi 20 gr. d'iode et environ 30 cc. d'alcali. L'opération est à peine terminée qu'un corps se dépose ($R^{dt} = 5$ gr. 20).

Celui-ci est un composé jaunâtre, cristallisé en petites tablettes allongées. Il se décompose vers 160°. Il est soluble dans l'ammoniaque et si l'on acidule aussitôt par l'acide acétique (1) il est précipté sans modification. Il n'en est plus de même si on abandonne sa solution ammoniacale pendant quelques heures. Il se transforme en un produit cristallin qui n'est autre que le diamino-oxalyldiurée que nous avons obtenu précédemment.

---

(1) Les acides minéraux ne précipitent rien immédiatement.

Il est très voisin de ce composé, comme lui la soude le décompose en acide oxalique et urée avec dégagement d'ammoniaque.. Une hydrolyse moins profonde est réalisée, si on porte au B. M. bouillant une solution légèrement ammoniacale du composé. Il se forme alors de l'oxalurate d'ammoniaque (1) que l'on sépare par concentration. Ce sel prend encore naissance à froid, si on dissout l'uréide dans une solution très diluée d'acide chlorhydrique.

L'ensemble de ces propriétés se retrouvent dans le composé $C_4H_{10}N_6O_3$ que Denicke a préparé en oxydant l'acide urique par le ferricyanure de potassium en milieu faiblement ammoniacal. Le dosage de l'azote total fournit, lui aussi, des résultats concordants.

	Trouvé	Calculé
N %	43,54-43,63	44,21

D'après Denicke, la constitution du composé $C_4H_{10}N_6O_3$ serait :

$$
\begin{array}{c}
NH_2 \\
| \\
CO\left\langle{\begin{array}{c} NH - C - NH \\ | \\ NH - C - NH \end{array}}\right\rangle CO \quad H_2O \\
| \\
NH_2
\end{array}
$$

On peut le considérer comme l'hydrate du diamino-oxalyl-diuréide.

La formation de ces différents uréides à partir de l'acide urique peut s'interpréter par les équations suivantes :

(1) Pour caractériser ce sel, nous l'avons transformé en oxalurate d'éthyle (P. F. 278°).

1º Pour l'imino-allantoïne :

$$C^5H^4N^4O^3 + O + NH^3 = C^4H^7N^5O^2 + CO^2$$

2º Pour les uréides ocaliques :

$$C^5H^4N^4O^3 + 2O + 2NH^3 = C^4H^{10}N^6O^3 + CO^2$$
$$= C^4H^8N^6O^2 + CO^2 + H^2O$$

Mais elles ne sont nullement suffisantes pour rendre compte du processus complet de l'oxydation. Nous concevons celui-ci de la façon suivante :

L'acide urique en présence d'ammoniaque est transformé en un corps intermédiaire C, qui réagit sur l'ammoniaque pour donner l'imino-allantoïne.

Le composé intermédiaire C en présence d'un excès d'iode peut subir un autre sort ; il est oxydé en donnant un uréide oxalique.

Ce dernier ne peut provenir de l'imino-allantoïne, car ce produit est inattaquable par l'iode en milieu ammoniacal.

Le composé C est différent de B (obtenu en présence de soude, voir chapitre IV), car il n'est pas comme lui hydrolysable en uroxanate alcalin. Si on évapore la solution ammoniacale après oxydation d'une molécule d'acide urique par 2 atomes d'iode, on n'obtient pas d'uroxanate d'ammonium, mais de l'imino-allantoïne. On pourrait supposer que l'ammoniaque n'est pas capable d'hydrolyser le corps intermédiaire, mais on n'a pas d'uroxanate alcalin si on concentre en présence de soude, faits déjà observés par Denicke.

Cette théorie s'applique à toutes les oxydations en milieu ammoniacal. Si l'oxydation au persulfate d'ammoniaque en présence d'ammoniaque semble faire exception, celle-ci n'est qu'apparente.

Hugounencq (1) a bien obtenu en oxydant 6 parties d'acide urique par 20 p. de persulfate d'ammoniaque en présence de 30 p. d'ammoniaque, un sel blanc, mal cristallisé qu'il a identifié avec l'allanturate d'ammoniaque (2). Mais nous avons repris l'étude de l'oxydation de l'acide urique par le persulfate d'ammoniaque en mettant en œuvre les différents corps dans les mêmes proportions que celles indiquées par Hugounencq. L'oxydation terminée, nous avons abandonné la liqueur pendant 24 heures et nous avons recueilli un corps parfaitement cristallisé qui n'était autre que le diamino-oxalyldiuréide.

L'ammoniaque impose donc bien à toutes les oxydations conduites en sa présence une même orientation ainsi que le prouve l'identité des produits obtenus.

L'influence de cet alcali sur la nature du corps intermédiaire est encore notable s'il est à l'état de sel. Cette action est nettement mise en évidence par les expériences qui suivent.

Dans une fiole d'Erlenmeyer contenant 4 centigr. 89 d'acide urique dissous dans 20 cc. d'une solution de borate de soude à saturation et 2 cc. d'empois d'amidon, versons goutte à goutte à l'aide d'une burette une solution titrée d'iode (1 cc. = 0,0132 d'iode) jusqu'à virage au bleu de l'indicateur. Cette teinte est obtenue aussitôt l'addition de 5 cc. 6 de solution d'iode. Elle correspond exactement à une proportion de 2 atomes d'iode par molécule d'acide urique. La coloration bleue reste stable,

(1) HUGOUNENCQ C. R. T. 132, p. 91, 1901.
(2) D'après les travaux ultérieurs de Biltz, ce sel doit être regardé comme le déhydrohydantoate d'ammoniaque.

même si l'on ajoute 10 cc. d'une solution de chlorhydrate d'ammoniaque à 1/10. Ce premier mélange va nous servir de témoin.

Dans une autre fiole, reprenons la même quantité d'acide urique en solution boratée, ajoutons 10 cc. de la solution de chlorhydrate d'ammoniaque avant de verser l'iode. La teinte bleue apparaît encore dès l'addition de 5 cc. 6 de la solution d'iode, mais elle est très fugace. Elle dure à peine quelques secondes et si une nouvelle affusion d'iode la fait réapparaître, la décoloration s'opère aussitôt (1).

La présence du sel ammoniacal est la cause de ce phénomène Elle a eu pour effet de modifier le corps intermédiaire. Celui-ci, sans doute le même que celui C existant dans l'oxydation en présence d'ammoniaque est oxydable, en milieu alcalin.

La quantité de chlorhydrate d'ammoniaque nécessaire pour que l'on observe de tels faits est très minime. Nous avons constaté une décoloration en employant 0 cc. 2 d'une solution au dixième Toutefois la teinte bleue est moins fugace.

On comprend ainsi, pourquoi dans le dosage de l'acide urique par action de l'iode sur l'urate d'ammoniaque, en présence du borax, le terme de l'oxydation n'est pas stable, la coloration produite par l'iode disparaissant peu à peu. Cela tient à ce que l'on opère en présence d'une quantité notable de sels ammoniacaux, car il faut tenir compte non seulement de l'ammoniaque de l'urate, mais de celle que retient le précipité après lavage avec la solution ammoniacale de chlorhydrate d'ammoniaque.

Est-ce à dire que l'on ne peut doser l'acide urique par iodo-

(1) Ces faits ont déjà été observés par Ronchère (*Thèse Doct. Univ. Ph*[le] p. 65, 1908). Mais cet auteur ne les a pas expliqués. Il prétend qu'en faisant la même expérience sur de l'hyposulfite de soude au lieu d'acide urique on fait une constatation analogue. S'il s'agit d'hyposulfite, la cause de la décoloration est l'oxydation du tétrathionate en sulfate, en présence de l'alcali. La présence d'un sel ammoniacal n'a pas à entrer en considération.

métrie en présence de sels ammoniacaux. Non. Mais il faut comme l'indique Ronchèse arrêter l'addition d'iode dès le premier virage au bleu de l'empois d'amidon. Cependant on écarterait le léger inconvénient qu'entraîne la présence d'ammoniaque en isolant l'acide urique sous une combinaison autre qu'un sel ammoniacal.

Quelle que soit la modification apportée, on ne pourra doser l'acide urique par oxydation à l'iode qu'en versant la solution titrée d'iode dans la liqueur contenant l'uréide en présence d'un phosphate, d'un bicarbonate ou d'un borate alcalin. Toute autre technique basée sur l'oxydation par une quantité d'iode en excès et titrage, après acidulation, de l'iode résiduel est à rejeter.

CHAPITRE VI

CONSIDERATIONS GENERALES

L'action de l'iode sur l'acide urique en milieu alcalin ne diffère pas essentiellement des autres oxydations dans le même milieu. Si elle a paru s'écarter de celles-ci, c'est que dans l'oxydation à l'iode, on a observé des faits qui étaient passés inaperçus partout ailleurs.

Avec le permanganate de potassium, par exemple, qui a été utilisé par Behrend et ses élèves dans des recherches sur un corps intermédiaire, il faut attendre une heure pour que l'oxydation soit complète, une heure encore avant de séparer le bioxyde de manganèse, sinon on ne peut avoir une liqueur claire à cause de l'existence de bioxyde à l'état colloïdal.

Avec l'iode, l'oxydation est instantanée et l'observation n'est gênée ou retardée par aucun phénomène accessoire. On se trouve de suite en présence de corps intermédiaires dont on ne pouvait soupçonner l'existence en opérant avec du permanganate de potassium.

De plus, la facilité avec laquelle on passe, avec l'iode, de l'oxy-

dation en milieu alcalin à celle en milieu acide favorise les·obser-
vations sur les corps intermédiaires.

On pourrait s'étonner du grand nombre de ces composés
que nous faisons intervenir dans notre étude ; mais la mobilité
bien connue de la molécule d'acide urique rend ces explications
vraisemblables.

Gudzent (1) a montré dans des recherches physico-chimiques
sur les solutions aqueuses d'urates que ceux-ci se présentent
sous deux formes : lactame et lactime.

Toutefois on ne sait pas quelle est la structure de l'acide urique
dans des solutions de concentration différente en ions OH.
Cependant comme les corps intermédiaires, s'ils ne sont pas
isomères, sont au moins très voisins, car ils donnent tous de
l'allantoïne, il semble qu'ils soient issus de différentes formes
d'acide urique. Malgré son caractère hypothétique, cette expli-
cation n'est pas en désaccord avec les faits observés.

Que se passe-t-il ensuite si les divers corps intermédiaires
sont soumis à l'oxydation alcaline ? En milieu sodique (corps B)
la réaction est très lente, elle est plus sensible, si on opère en
présence de bicarbonate de potassium (corps A), elle est rapide
en présence d'ammoniaque (corps C). En règle générale, le corps
intermédiaire tend vers un uréide oxalique.

L'oxydation de l'acide urique s'accomplit donc en deux étapes :
1° Transformation de l'acide urique en un corps intermédiaire.
2° Transformation du corps intermédiaire en uréide oxalique.

---

(1) GUDZENT. *Zeit. f. physiol. Chemie.* T. 56, p.150, 1908 et T. 60, p. 38, 1909]

Cette conception nous amène à envisager sous un jour nouveau le problème de l'oxydation de l'acide urique dans l'organisme.

Pour les biologistes, l'acide urique s'oxyde en donnant directement de l'allantoïne. Cet uréide étant inattaquable dans l'économie (Wiechowski (1), ils établissent une relation entre l'allantoïne formée et l'acide urique détruit. L'homme, par exemple, élimine des traces d'allantoïne, donc l'acide urique ne s'oxyde pas sensiblement.

Cependant des expériences de Frank et Schittenhelm (2) sont loin de justifier cette opinion. Si on fait absorber à des sujets de l'acide thymonucléique et que l'on dose les corps azotés de l'urine, on trouve un accroissement notable de l'urée, alors que la teneur en acide urique n'augmente pas proportionnellement.

Pour expliquer ces faits, on a supposé que l'élimination des nucléoprotéides ne se ferait pas totalement par le terme : acide urique, mais suivant un mécanisme inconnu jusqu'ici.

Étant donné que l'acide urique oxydé est transformé, non en allantoïne, mais en un corps intermédiaire et que dans certains cas (3) celui-ci est oxydable en milieu alcalin, nous émettrons l'hypothèse suivante :

Si l'acide urique provenant de la destruction des nucléoprotéides est oxydé, il se forme un corps intermédiaire.

Celui-ci peut être décomposé en allantoïne (4), mais il n'est

(1) Wiechowski. *Beitrâge z. Chem. physiol.* T. 11, p. 109, 1908.
(2) Frank et Schittenhelm. *Zeit. f. physiol. Chemie.* T. 63, p. 269, 1909.
(3) Nous avons vu l'influence des sels ammoniacaux sur la nature du corps intermédiaire. Nous avons constaté un fait analogue avec un acide aminé amidé : l'asparagine. Il serait intéressant d'examiner à ce point de vue les acides aminés.
(4) L'obtention d'allantoïne à partir du corps intermédiaire n'est pas subordonnée à l'action d'un acide sur celui-ci. Ainsi Liebig et Wöhler (*loc. cit.*) ont préparé l'allantoïne en oxydant l'acide urique par le bioxyde de plomb sans avoir eu recours à l'acidulation. Il s'est cependant formé un corps intermédiaire lequel a été décomposé à l'ébullition. L'oxalate de plomb que l'on recueille dans cette manipulation provient de l'oxydation d'un corps intermédiaire par

pas prouvé qu'il passe totalement à cet état. Il peut s'oxyder
en donnant un uréide oxalique, générateur d'acide oxalique
·et d'urée. Cette seconde phase possible de l'oxydation de l'acide
urique rend compréhensible l'accroissement d'urée signalé par
Frank et Schittenhelm. Elle semble devoir expliquer bien des
faits obscurs dans le métabolisme des nucléoprotéides.

le bioxyde de plomb. Il ne peut provenir de l'allantoïne, car si on ajoute du
bioxyde de plomb à une solution aqueuse de cet uréide et que l'on porte le
tout à l'ébullition pendant une heure, l'allantoïne est inattaquée.

De plus, Venable *(J. am. chem. soc. T.*40, p. 1909, 1918*)* a obtenu de l'allantoïne en oxydant l'acide urique par l'eau oxygénée, à chaud, en milieu neutre
ou légèrement alcalin.

CHAPITRE VII

CONCLUSIONS

Les différentes parties de ce travail peuvent se résumer ainsi :

I. — L'oxydation de l'acide urique par l'iode en milieu alcalin offre des particularités qui n'ont pas été observées avec les autres oxydants. Elles ont été attribuées à la formation d'un composé iodé, mais celui-ci est purement hypothétique.

II. — Le réactif de Nessler peut être utilisé à la caractérisation et au dosage de l'allantoïne. Il est réduit par cet uréide, alors que les autres produits d'oxydation de l'acide urique ne donnent avec lui qu'un précipité, solubilisé par le cyanure de potassium ou les acides dilués. La réduction ne porte que sur 92 % de l'allantoïne mise en œuvre. Ce chiffre étant sensiblement constant, nous avons indiqué une technique permettant le dosage de l'allantoïne.

III. — L'oxydation de l'acide urique par l'iode en présence de bicarbonate de potassium donne de l'allantoïne. Cet uréide se forme par décomposition d'un corps intermédiaire A sous l'influence des acides. Ce composé A est oxydable par l'iode : lentement en milieu bicarbonaté, rapidement en milieu acide.

Cette oxydation en milieu acide est un obstacle à toute méthode de dosage de l'acide urique basée sur une oxydation en présence d'un excès d'iode et titrage, après acidulation, de l'iode absorbée par différence.

Le composé intermédiaire A, laissé en milieu bicarbonaté, se transforme en un autre corps A' moins oxydable en milieu acide, donnant aussi de l'allantoïne sous l'action des acides.

Si l'oxydation de l'acide urique se fait en milieu boraté, le corps intermédiaire est différent de celui prenant naissance en milieu bicarbonaté.

IV. — L'acide urique, oxydé par l'iode en présence de soude, est transformé en un corps intermédiaire B. Ce composé est hydrolysé par l'alcali en donnant un uroxanate alcalin et décomposé en allantoïne par les acides. Il est très rapidement oxydé par l'iode en milieu acide.

Le composé B, laissé en milieu sodique, s'isomérise en un corps B', moins oxydable en milieu acide, mais donnant comme B un uroxanate alcalin et de l'allantoïne.

Le produit d'oxydation du composé B par l'iode en milieu acide est un uréide oxalique nouveau : l'amide de l'acide allantoxanique. Nous avons décrit ce corps et indiqué le mode de préparation de ses dérivés monosodique, monopotassique et monoammoniacal.

L'oxydation de B' par l'iode en milieu acide est très lente. Elle donne au moins un uréide oxalique, différent de l'amide allantoxanique.

V. — L'acide urique oxydé par l'iode en présence d'ammo-

niaque est transformé en un corps intermédiaire C, générateur
d'imino-allantoïne.

Le composé C est oxydable par l'iode en milieu ammoniacal
en produisant un uréide oxalique : l'hydrate du diamino-oxalyldiuréide, si cette réaction s'accomplit dans un milieu faiblement
ammoniacal, ou le diamino-oxalyldiuréide, si on opère en présence d'un excès d'ammoniaque.

Ce dernier uréide est encore obtenu dans l'oxydation de l'acide
urique par le persulfate d'ammoniaque dans les mêmes conditions que précédemment.

Les sels ammoniacaux exercent, dans une oxydation alcaline
de l'acide urique, une influence sur la nature du corps intermédiaire. Cette action se rapproche de celle de l'ammoniaque.

VI. — L'étude de l'action de l'iode sur l'acide urique en milieu
alcalin nous ayant permis d'approfondir le processus de l'oxydation de cet uréide, nous avons exposé des vues nouvelles sur le
problème des destinées de l'acide urique dans l'organisme.

Vu, bon à imprimer

Le président de la thèse,

A. VILLIERS.

Vu

Le Doyen de la Faculté,

RADAIS.

Vu et permis d'imprimer,

Le Recteur de l'Académie de Paris.

P. APPELL.

TABLE DES MATIÈRES

Les Presses Universitaires. — Imp. Paris

ERRATA

Page 9, avant-dernière ligne, *au lieu de* « l'allantoine » *lire* : « l'allantoïne ».

Page 13, ligne 2, *au lieu de* : « Acide lantanurtique » *lire* : « acide lantanurique ».

Page 22; titre du chapitre, *au lieu de* « l'allantoine » *lire* « l'allantoïne ».

Page 24, *au lieu de* :

$$CO\Big\langle\begin{matrix}NH - CH - NH\\ NH - CO \quad\; NH^2\end{matrix}\Big\rangle CO \qquad CO\Big\langle\begin{matrix}NH - CH - NH\\ NH^2 - COOKNH^2\end{matrix}\Big\rangle CO$$
$$(^1) \qquad\qquad\qquad\qquad (^2)$$

lire :

$$CO\Big\langle\begin{matrix}NH - CH - NH\\ NH - CO \quad\; NH^2\end{matrix}\Big\rangle CO \qquad CO\Big\langle\begin{matrix}NH - CH - NH\\ NH^2 \quad COOKNH^2\end{matrix}\Big\rangle CO$$
$$(^1) \qquad\qquad\qquad\qquad (^2)$$

Page 25, pour les formules numérotées 2 et 3 la numérotation doit être II et III.

Page 26, ligne 3 de la note, *au lieu de* « chemistry » *lire* : « *Chemistry* ».

Page 45, *au lieu de* :

$$CO\Big\langle\begin{matrix}HN - C - NH - CO - NH^2\\ NH - CO\end{matrix} = C^5 H^6 N^4 O^4$$

lire :

$$CO\Big\langle\begin{matrix}NH - \overset{OH}{C} - NH - CO - NH^3\\ NH - CO\end{matrix} = C^5 H^6 N^4 O^4$$

Page 57, ligne 3, *au lieu de* : « ocaliques » *lire* : « oxaliques ».

Page 59, ligne 1 de la note, *au lieu de* « Ronchére » *lire* : « Ronchése ».